甜菜育种

实用手册

吴则东　阚文亮　白晓山　邳植　李思忠　李胜男　编

黑龙江大学出版社
HEILONGJIANG UNIVERSITY PRESS

哈尔滨

图书在版编目（CIP）数据

甜菜育种实用手册 / 吴则东等编 . -- 哈尔滨 ： 黑
龙江大学出版社，2024.9（2025.3 重印）
ISBN 978-7-5686-1047-6

Ⅰ．①甜… Ⅱ．①吴… Ⅲ．①甜菜－育种－手册
Ⅳ．① S566.303-62

中国国家版本馆 CIP 数据核字（2023）第 188339 号

甜菜育种实用手册
TIANCAI YUZHONG SHIYONG SHOUCE
吴则东　阚文亮　白晓山　邸　植　李思忠　李胜男　编

责任编辑　李　卉
出版发行　黑龙江大学出版社
地　　址　哈尔滨市南岗区学府三道街 36 号
印　　刷　三河市金兆印刷装订有限公司
开　　本　720 毫米 ×1000 毫米　1/16
印　　张　12.25
字　　数　208 千
版　　次　2024 年 9 月第 1 版
印　　次　2025 年 3 月第 2 次印刷
书　　号　ISBN 978-7-5686-1047-6
定　　价　49.00 元

本书如有印装错误请与本社联系更换，联系电话：0451-86608666。

前　　言

甜菜是一种比较年轻的作物,1747年人们从甜菜中发现了蔗糖,1802年世界上第一个甜菜糖厂建成,这之后开始了甜菜的育种工作,到现在已经有220多年的历史。相对于其他作物而言,甜菜育种从最初的混合选择、集团选择、母系选择以及倍性育种发展到后来的组织培养技术、分子标记辅助育种技术、转基因技术以及全基因组选择技术等等,经历了重重困难。糖用甜菜是二年生的作物,同时大部分的品系又具有自交不亲和性,拥有自交可育基因的甜菜种质资源少之又少,而甜菜属又有十二个种,甜菜育种又需要利用单胚不育系和保持系,使得甜菜育种工作者很难在短时间内对甜菜相关术语以及甜菜育种有一个基本的了解。基于此,我们参考前人研究以及自己经验的总结,撰写了这本专门用于甜菜育种的手册,方便有志于甜菜育种的科研工作者快速掌握甜菜育种的相关术语以及甜菜育种的常用方法等。

糖用甜菜是我国重要的糖料作物,近几年的种植面积都保持在每年300万亩左右。目前甜菜种植主要集中在内蒙古自治区和新疆维吾尔自治区,甘肃省和黑龙江省每年也有一定数量的甜菜种植。由于甜菜从种到收基本实现了全程机械化,因此未来甜菜的种植面积会逐步增大。

甜菜品种的选育是一项长期的工作,一般改良一个品系就需要7到8年的时间,从配制杂交组合到小区鉴定、从DUS测试再到生产示范以及推广一般也需要10余年的时间。甜菜育种之所以比较难,由以下几个因素决定。首先,栽培甜菜属于二年生作物,一般需要两年才能够实现从种子到种子的过程,这样在无形中就延长了育种的时间;其次,作为父本的多胚种质资源中95%以上都是自交不亲和的,利用自交的方法创造多胚自交系非常困难;第三,甜菜杂交种要用到单胚细胞质雄性不育系和保持系,而自然界中具有保持系的基因型又不足5%,单胚基因型更是极少的突变,因此创造新的单胚不育系和保护系也是一个漫长的过程;第四,甜菜的抗性基因大都存在于野生种中,在通过杂交和回交导入抗性基因的过程中,不可避免地会导入野生种的其他不利基因,要去除掉不利基因并保留栽培种中的优良基因也是一个漫长的过程,一般也需要十几年的时间。

由于甜菜在育种过程中要对各种性状进行调查以及对相应的指标进行检测,最后在育成品种登记过程中还需要按照国家标准进行甜菜品种登记的工作,因此本书编写的目的就是方便甜菜育种工作者对甜菜相应性状的调查以及对相应育种指标的检测,在本书的附录中增加了甜菜育种主要指标的检测方法、甜菜常见病虫害的防治办法以及品种登记相关指南,同时为了方便新入门的研究工作者尽快了解甜菜这种作物,还增加了甜菜专业术语的解释以及近年来一些新的甜菜育种方法。

编者

2023 年 4 月 13 日

目 录

第1章　甜菜田间生育调查记录标准

在田间试验过程中,必须系统调查和掌握甜菜生长发育情况。为了便于比较分析,在田间调查时,对甜菜的各种性状应按统一的标准记载。

1.1　甜菜营养生长期调查记录标准

1.1.1　幼苗期调查

(1)播种期:实际播种的起止日期,以年、月、日表示。

(2)始苗期:出苗10%的日期。条播以每米垄内出苗4株为准,点播以10穴内出苗1株为准。

(3)盛苗期:出苗50%的日期。

(4)全苗期:出苗90%以上的日期。出苗标准:幼苗子叶展开与地面平行时为出苗。点播时,每穴有1株及以上苗达到出苗标准,即称该穴出苗。

(5)出苗日数:从播种翌日至全苗期的日数。

(6)出苗率:播种方法不同,出苗率计算方法也不同。点播法以每小区出苗穴数占小区总穴数的百分率表示,条播法以在测距内按株距要求的苗数百分率表示。出苗率应在出苗终结时调查。

(7)幼苗整齐度:全苗后目测小区幼苗生长整齐一致的程度,以整齐、中等、不整齐表示。

(8)幼苗生长势:定苗前观测1~2次,目测幼苗生长的强弱及旺盛程度,以五级分记载(即1、2、3、4、5,5分表示生长势最强)。

(9)幼苗百株重:间苗前1~2天调查。按小区随机取样,测定100株幼苗的重量。

(10)子叶下胚轴色:结合间苗观察幼苗下胚轴颜色,以红、绿、红绿混合三种颜色记载。观察200株以上,求出各类颜色幼苗占调查株数的百分率。

1.1.2　叶丛调查

(1)叶丛型:根据植株大部分叶柄与地面角度的大小,把叶丛姿势分成直立型(与地面成70°以上)、斜立型(与地面成30°~70°)和匍匐型(植株大部分叶柄与地面成30°以下)三种类型。开垄前观察,见图1-1。

直立型　　　　　斜立型　　　　　匍匐型

图1-1　叶丛型

(2)叶丛高度:在每一小区内设固定点,测定10~20株,每一植株的叶丛高度以该株最长叶片的叶柄基部至叶尖的长度表示,每小区的叶丛高度取所测定全部植株的平均数。

(3)叶数:每株绿叶和枯叶应分别计数。叶缘未展开的心叶,不作绿叶计数。计枯叶数后,应将枯叶摘除。每小区测定10~20株,取其平均值表示。叶丛高度和叶数调查的时间可在繁茂后期和成熟前期或开垄期进行。

(4)叶柄长:在甜菜营养生长的叶丛繁茂盛期进行测量,以整个试验小区的植株为观测对象,从每个试验小区随机抽样10~20株,测量甜菜植株最长叶片的叶柄基部至叶片基部的距离,计算其平均数。单位为cm,精确到0.1 cm。

(5)株高:在甜菜营养生长的叶丛繁茂盛期进行测量,以整个试验小区的植株为观测对象,从每个试验小区随机抽样10~20株,测量甜菜植株最长叶片的叶柄基至叶尖的距离,计算平均数。单位为cm,精确到0.1 cm。

(6)叶覆盖面宽:在甜菜营养生长的叶丛繁茂盛期进行观测,以整个试验小区的植株为观测对象,从每个试验小区随机抽样10~20株,用直尺测量甜菜植株整个叶丛覆盖面的宽度,计算平均数。单位为 cm,精确到 0.1 cm。

(7)叶部性状调查:在叶丛繁茂期之后,取植株中层叶片进行调查,每一品种调查株数不少于 30 株,分段取样,观察每一植株的叶形、叶基、叶尖、叶缘、叶皱、叶色等性状时不能只看一、二片叶子,必须以多数叶片的形状或色泽作为根据。

①叶形:按其叶片长宽的比例及其最宽部位的所在位置来确定,一般分成圆扇形、心脏形、犁铧形、舌形等(图 1 -2)。

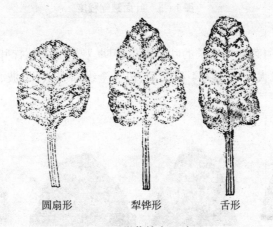

圆扇形　　　　　犁铧形　　　　　舌形

图 1 - 2　甜菜的主要叶形

②叶色:在甜菜营养生长的叶丛繁茂盛期,甜菜叶片正面的颜色称为叶色。甜菜叶片的叶色大致可分为 7 种类型,包括淡绿、绿、浓绿、黄绿、粉红、红和紫红。

③叶面皱缩程度:在甜菜营养生长的叶丛繁茂盛期,观察甜菜植株叶片表面的形状。甜菜的叶面皱缩程度大致可分为 4 种类型,包括无或极弱、弱、中和强,见图 1 -3。

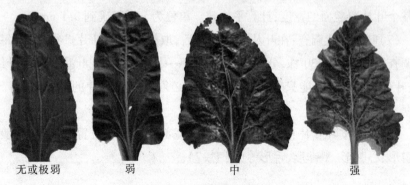

无或极弱　　　　弱　　　　　　中　　　　　　　强

图 1-3　叶面皱缩程度

④叶缘:在甜菜营养生长的叶丛繁茂盛期,观察甜菜植株叶片表面的形状。甜菜的叶缘波状大致可分为 4 种类型,包括全缘和波状(大波、中波、小波),见图 1-4。

全缘　　　　　　小波　　　　　　中波　　　　　　大波

图 1-4　甜菜叶缘波状

⑤叶肉:取叶丛中层叶片,将叶片中部折断,观察横截面厚薄,以薄、厚 2 种表示。

⑥叶柄:颜色以绿、淡绿 2 种表示;叶柄长度以厘米表示;叶柄粗细以粗、中、细 3 种表示。

⑦先端形状:甜菜叶片先端的形状在叶丛繁茂期进行鉴定。先端形状分为尖、圆和凹,见图 1-5。

图 1-5 甜菜先端形状

⑧生长势：目测甜菜的长势整齐度，以五级分记载。

1.1.3 根部调查

收获时每小区随机取样 20~30 株调查。

（1）根形：根据根的形状，计算各类根形所占的百分率。常见的根形有楔形、圆锥形、纺锤形和梨形等（图 1-6）。此外，由于栽培或生理原因，田间常发现一些畸形根，如分岔、空心、多头、螺旋、大头、皱褶或横纹等等。对于这类畸形根可根据试验要求分类记载，计算所占百分率，或分类只以畸形根率表示（包括所有不同类型的畸形根）。中间类型可在上述根形名称前加形容词以辅助说明。畸形根也应统计所占百分率。

$$畸形根率（\%）=\frac{畸形根总数}{块根总数}\times100\% \tag{1-1}$$

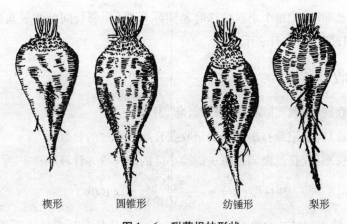

楔形　　　　圆锥形　　　　纺锤形　　　　梨形

图 1-6 甜菜根的形状

(2)根皮色:以根体部分的颜色为准,分白、淡黄 2 种。

(3)根头:凡是根上部着生叶柄和芽的部分统称根头。叶片脱落后留有叶痕。根头大小以目测估计,一般可分为大(根头长度占根长 20% 以上)、中(根头长度占根长 10%~20%)和小(根头长度占根长 10% 以下)3 种。

(4)根沟:按根沟深浅程度,可分深、浅、不明显 3 种;根沟走向分曲、直、斜 3 种。

1.1.4 生长动态观测

甜菜生长动态的观测一般于 7、8、9、10 月初分 4 次进行,其观测内容如下。

(1)生长势:目测每小区甜菜的生长势和整齐度,以五级分记载。

(2)生长速度:于测定区按计划分期取样,每次取样不得少于 30 株(去掉缺株影响)。按照收获调查方法,测定实际基叶和根的重量。比较各期调查结果,即可求得基叶和根的生长速度。

(3)根叶比例变化:将每期测定的基叶重和根重进行比较,求得根叶比值,即可看出根叶比值的变化情况。

(4)糖分增长率:将每次测定根重的样品进行检糖化验,测定其含糖率。将分期测定的含糖率与前一次测定结果比较,即可求得糖分增长率。

(5)封垄期:目测每个小区植株叶丛实际封垄(相邻行间叶片相互接触)的日期,以月、日表示。

(6)开垄期:目测每个小区植株叶丛实际开垄(相邻行间叶片脱离接触,行向明显)的日期,以月、日表示。

1.1.5 收获调查

(1)收获期:记载实际收获的日期(年、月、日)。

(2)生育日数:记载自出苗盛期至收获日期所经过的日数。

(3)缺株率:收获前期调查每一试验小区的缺株数并计算缺株率。

$$缺株率(\%) = \frac{缺株数}{小区理论株数} \times 100\% \qquad (1-2)$$

对于缺株率超过试验要求的小区,应按照产量质量分析统计法所规定的办法处理。调查缺株数以后,需将每一缺株前后两株标记或预先拔除,不计算产量。

（4）根产量

①原料根产量

记载产量测定糖分。以一刀切削法切去叶缨,并切除粗约 1 cm 的根尾部分,然后称重（kg）。

理论株数 300 以下的小区应按收获规则全部收获,300 株以上的小区可取样收获,每小区不少于 100 株。

②留种用母根产量

按采种用母根标准切削,先切去叶缨保留顶芽及侧芽,使其不受伤（顶芽部位四周留叶柄,长约 1 cm）,然后计算母根产量。

③青顶率

取 20～30 株,在称量以后从根头与根茎分界处水平方向切下,称量根头重量,计算出平均单株根头重,计算青顶率。

④含糖率

用检糖计测定含糖率,每小区取样测定株数不少于 40 株,收获后检糖前块根应避免温度急骤变动（冻害或高温）及其他机械损伤。收获后要立即检糖,每小区取样 3 份（即重复测定 3 次）。

⑤锤度（即可溶性固形物率）

A.用取样器与块根成 45°钻取样品,将少量压榨出的汁液滴于手持折光镜（锤度计）上观测即可。

B.锤度测定只能粗略地估计含糖率,一般在化验条件较差或在田间直接取样时可应用。测定时每小区（或处理）取样株数不得少于 50 株（视试验面积大小而定）,以单株为单位取样观测,然后取其平均数。

C.纯糖率,又称品质优良度,表示糖分占根中全部可溶性固形物的比率。

$$纯糖率(\%)=\frac{含糖率}{锤度}\times100\% \tag{1-3}$$

1.1.6　抗病性调查

（1）取样方法

①棋盘式取样法

按图 1-7 取样。此取样法适用于大面积生产田和试验田。在 15 亩以下

的地块应选 8 ~ 10 个点,15 亩以上的地块则需选 18 ~ 22 个点。每点调查
50 ~ 100 株。

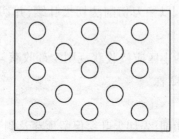

图 1 - 7 棋盘式取样法

②对角线取样法

按图 1 - 8 取样。此取样法适用于种根培育区。每区选 5 点,每点调查
5 ~ 10 株。

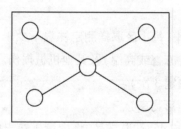

图 1 - 8 对角线取样法

③全区调查法

按图 1 - 9 调查。此法适用于一般试验区。除小区边行、边株以外,对试验
小区的所有植株进行调查。

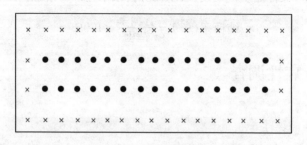

图 1 - 9 全区调查法

（2）计算方法

①发病率：指发病波及的普遍程度。计算公式如下：

$$发病率（\%）= \frac{感病株数}{调查总株数} \times 100\% \qquad (1-4)$$

②病情指数：指发病的严重程度。计算公式如下：

$$病情指数（\%）= \frac{\sum（病情级数 \times 该级株数）}{最高级数 \times 调查总株数} \times 100\% \qquad (1-5)$$

例：调查总株数（或叶片数）为 100 株，0 级 20 株，1 级 18 株，2 级 32 株，3 级 15 株，4 级 10 株，5 级 5 株。

$$病情指数（\%）= \frac{（0 \times 20）+（1 \times 18）+（2 \times 32）+（3 \times 15）+（4 \times 10）+（5 \times 5）}{5 \times 100}$$

$$\times 100\% = 38.4\%$$

（3）主要调查褐斑病、黄化病、丛根病、根腐病和白粉病。

①褐斑病

A. 在褐斑病重发区发病盛期及发病后期，田间 2 次统计病株率，严重度按 6 级记载（图 1-10）

0 级：无病或少数植株有少数褐斑病病斑。

1 级：多数植株有少数褐斑病病斑或少数植株有多数褐斑病病斑。

2 级：多数植株有多数褐斑病病斑，四分之一以下外叶因病枯死。

3 级：多数植株有多数褐斑病病斑，四分之一至四分之二外叶因病枯死。

4 级：多数植株有多数褐斑病病斑，四分之二至四分之三外叶因病枯死。

5 级：全区组内除心叶外绝大部分植株叶片因病枯死。

B. 依据褐斑病病害分级划分抗病类型

病级：0 级，免疫；0＜病级≤1，高抗；1＜病级≤2，抗病；2＜病级≤3，中抗；3＜病级≤4，感病；4＜病级≤5，高感。

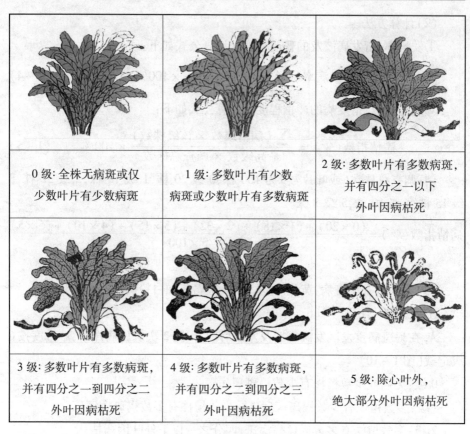

0级:全株无病斑或仅少数叶片有少数病斑	1级:多数叶片有少数病斑或少数叶片有多数病斑	2级:多数叶片有多数病斑,并有四分之一以下外叶因病枯死
3级:多数叶片有多数病斑,并有四分之一到四分之二外叶因病枯死	4级:多数叶片有多数病斑,并有四分之二到四分之三外叶因病枯死	5级:除心叶外,绝大部分外叶因病枯死

图1-10 褐斑病分级标准(以株为单位)

②黄化病

统计病株率,严重度按4级记载。

0级:全区内植株无病。

1级:全区内有少数植株发病,仅在少数叶片的叶尖和叶缘处有明显褪绿黄化块斑。

2级:全区内有多数植株发病,多数叶片有明显黄化块斑(病斑占整个叶片面积二分之一以下)。

3级:全区内有多数植株发病,多数叶片整叶黄化(病斑占整个叶片面积二分之一以上),后期在叶片上出现灰黑色病斑。

③丛根病

在丛根病病圃中进行鉴定,在生育中期,根据叶丛表现的症状,严重度按6

级记载,调查记载、计算丛根病病情指数。

A.病株 6 级分级标准

0 级:不表现任何症状。

1 级:叶丛轻微褪绿、黄脉、焦枯或混合症状,植株无明显矮化现象。

2 级:叶丛明显褪绿、黄脉、焦枯或混合症状,植株轻度矮化。

3 级:叶丛明显褪绿、黄脉、焦枯或混合症状,植株明显矮化。

4 级:叶丛严重褪绿、黄脉、焦枯或混合症状,少数叶片枯死,植株严重矮化。

5 级:叶丛严重褪绿、黄脉、焦枯或混合症状,多数叶片枯死,植株极度矮化或死亡。

B.丛根病罹病率和病情指数计算

$$MD = \frac{D}{N} \times 100\% \qquad (1-6)$$

$$DI = \frac{\sum (i \times N_i)}{N \times 5} \times 100\% \qquad (1-7)$$

式中:

MD——丛根病罹病率,%;

D——丛根病罹病总株数;

N——调查总株数;

DI——丛根病病情指数,%;

i——丛根病病级;

N_i——某一病级丛根病罹病株数。

依据丛根病病情指数划分抗病类型,$DI=0$,免疫;$0<DI<10\%$,高抗;$10\%\leq DI<20\%$,抗病;$20\%\leq DI<30\%$,中抗;$30\%\leq DI<50\%$,感病;$50\%\leq DI$,高感。

④根腐病

在根腐病病圃中鉴定,在甜菜块根收获期,根据块根表现的症状,严重度按 5 级记载,调查记载、计算根腐病罹病率和病情指数。

A.病株 5 级分级标准

0 级:块根表皮完好,没有病斑。

1 级:根表组织或根头有浅表病斑,维管束呈现褐变。

2级:块根有部分腐烂,腐烂面积占根体面积10%以下,维管束呈现深褐色。

3级:块根腐烂部分占根体面积10%~30%。

4级:块根腐烂部分占根体面积30%以上,或全株因根腐病死亡。

B.根腐病罹病率和病情指数计算

$$MD = \frac{D}{N} \times 100\% \qquad\qquad (1-8)$$

$$DI = \frac{\sum (i \times N_i)}{N \times 4} \times 100\% \qquad\qquad (1-9)$$

式中:

MD——根腐病罹病率,%;

D——根腐病罹病总株数;

N——调查总株数;

DI——根腐病病情指数,%;

i——根腐病病级;

N_i——某一病级根腐病罹病株数。

依据根腐病罹病率划分抗病类型,$0 < MD < 10\%$,高抗;$10\% \leqslant MD < 20\%$,抗病;$20\% \leqslant MD < 30\%$,中抗;$30\% \leqslant MD < 50\%$,感病;$50\% \leqslant MD$,高感。

⑤白粉病

在白粉病重发区发病感期统计病株率,严重度按5级记载。

0级:全区内植株无病。

1级:全区内有少数植株发病,少数叶片白粉病病斑面积占整个叶片面积十分之一以下。

2级:全区内有多数植株发病,多数叶片白粉病病斑面积占整个叶片面积四分之一以下。

3级:全区内有多数植株发病,多数叶片白粉病病斑面积占整个叶片面积四分之一至四分之二。

4级:全区内有多数植株发病,多数叶片白粉病病斑面积占整个叶片面积四分之二以上,后期在叶片上出现灰黑色霉层。

依据白粉病病害分级划分抗病类型,$0 < 病级 \leqslant 1$,高抗;$1 < 病级 \leqslant 2$,抗病;

2 < 病级 ≤ 3, 中抗;3 < 病级 ≤ 4, 感病。

1.2 甜菜生殖生长期调查

1.2.1 苗期调查

(1)栽植期:记载母根栽植日期(年、月、日)。

(2)出苗期:调查出苗日期,以叶出土呈现绿色为出苗标准,出苗期分始期和终期,以目测法观测。

①出苗达 10% 为始期。

②出苗达 90% 为终期。

(3)出苗率:以出苗百分率表示。出苗终期后调查,出苗株数占栽植株数的百分率。

$$出苗率(\%) = 田间株数/栽植株数 \times 100\% \qquad (1-10)$$

(4)叶簇生长势:全苗后以目测法观其生长势,分强、中、弱三级记载。

1.2.2 叶丛期调查

(1)结合苗期调查:观察采种株顶芽的颜色,分红色、绿色、黄绿色等颜色记载。计算其各种颜色的百分率。

(2)叶性状(抽薹前):在抽薹前,调查植株的叶形、叶色、叶姿势等(其标准与第一年相同)。

(3)叶性状(开花期):在开花期,调查植株的苞叶,分大、中、小 3 种。

(4)叶丛色:抽薹前观察,分浓绿色、绿色、黄绿色 3 种。

(5)叶丛型:标准同营养生长期。

(6)叶形:标准同营养生长期。

(7)生长势:抽薹前目测其生长势,分强、中、弱 3 级记载。

1.2.3 抽薹期调查

(1)抽薹期:以叶丛中出现主薹为抽薹标准,分始期(抽薹达 10%)和终期(抽薹达 90%)。

(2)抽薹持续日数:自抽薹始期至终期所经过的日数。

(3)抽薹率:于盛花期调查抽薹株数,用下式计算其抽薹率。

$$抽薹率(\%) = \frac{抽薹株数}{出苗株数} \times 100\% \qquad (1-11)$$

1.2.4　开花期调查

(1)开花始期:田间有 10% 的种株,第一分枝茎部开花为开花始期。

(2)开花盛期:田间有 50% 的种株,第一分枝茎部开花为开花盛期。

(3)种株型:在开花盛期时调查,分紧密、松散、极散 3 个类型记载,并计算各类株型株数的百分率。

(4)枝型:在开花盛期时调查,分单枝型、混合枝型、多枝型 3 种类型记载,并计算各类枝型株数的百分率,见图 1-11。

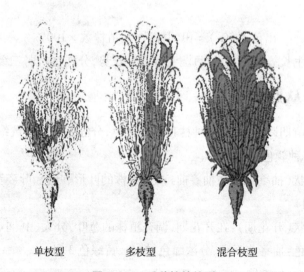

单枝型　　　　多枝型　　　　混合枝型

图 1-11　采种株的枝型

1.2.5　结实期调查

(1)株高:测量根头至最高花茎顶端的长度,求其平均株高。

(2)侧枝数:调查由根头直接长出的侧枝数,以其平均数表示。

(3)分枝数:调查记载主枝和侧枝上的所有分枝数。

（4）结实密度：调查每一植株上、中、下有代表性的第一级分枝上的种球数（取该分枝中部 10～20 cm 测定），以平均数表示。

以上各项，选有代表性的种株 10～20 株进行调查。

（5）结实株率：结实株占抽薹株的百分率。

$$结实株率（\%）= \frac{结实株数}{抽薹株数} \times 100\% \qquad (1-12)$$

（6）无效株率：抽薹不结实的种株称无效株。调查无效株占抽薹株数的百分率。

$$无效株率（\%）= \frac{无效株数}{抽薹株数} \times 100\% \qquad (1-13)$$

（7）顽固株率：不抽薹的植株称为顽固株。调查顽固株占出苗株数的百分率。

$$顽固株率（\%）= \frac{顽固株数}{出苗株数} \times 100\% \qquad (1-14)$$

（8）成熟期：种株茎叶变为黄绿色，1/3 种球变为黄褐色，种皮变为粉红色，种仁呈粉状时为成熟期。

1.2.6　收获期调查

（1）收获期：实际收获种株的日期。

（2）生育日数：自出苗始期至成熟期的日数。

（3）种子产量：收获脱粒以后，经过清选晒干（含水量 15% 以下），符合标准时种子的重量。单株种子产量以克表示，混收种子换算成平均单株产量。

（4）千粒重：1000 粒种球的重量，以克表示。

（5）发芽率：1000 粒种球的发芽种球数，以百分率表示。每一种球发出一个芽即算发芽。

1.2.7　露地越冬种株调查

（1）越冬前的调查

①记载播种日期。

②出苗：同春播一年生。

③生长势调查：同春播一年生（包括株高、叶片数）。

④地上部根头高度:在上面的同一固定点内,调查每株露出地面根头的高度,取其平均数。

⑤根重和含糖率(或锤度):每小区选有代表性的 10 株,分别测其根重和含糖率(或锤度),取其平均数。

⑥母根越冬前防寒措施调查。

A. 记载防寒时期。

B. 记载防寒方法及其效果。

(2)越冬后调查

①成活率:越冬前后每小区调查 1~2 行株数。小区过大者应选点调查 100 株以上,计算其越冬成活率。

$$成活率(\%) = \frac{冬后成活株数}{冬前总株数} \times 100\% \qquad (1-15)$$

②抽薹、开花、结实、收获调查同春播二年生采种株调查。

第2章 甜菜育种相关专业词语解释

2.1 甜菜种质资源

Beta 属分为 3 个组(section),包括普通甜菜组(section *Beta*)、白花甜菜组(section *Corollinae*) 和平伏甜菜组(section *Procumbentes*)。

2.1.1 平伏甜菜组

本组一共包含 3 个种,分别为小碗状花甜菜(*B. patellaris* Moq.)、平伏甜菜(*B. procumbens* Smith.) 和维比纳甜菜(*B. webbiana* Moq.),所有种均为多年生。其中小碗状花甜菜为四倍体,另外两个种为二倍体。平伏甜菜组中物种的混淆程度较低,这三个物种在加那利群岛 200 m 低海拔均有分布。此外,小碗状花甜菜在西班牙南部和摩洛哥也有分布。然而,两种自身不育的二倍体物种,即平伏甜菜和维比纳甜菜,显然形成了田间形态类型的连续体,两种形态之间易于杂交实验,并且实验样地中有自发杂交的发生。Wagner 等人利用同工酶技术也没有区分出这两个种,因此认为如果没有新的证据来把这两个种区分开,那么这两个种可能就只能取一个名字。小碗状花甜菜是四倍体和自交可育,并且有证据表明它是来自平伏甜菜形态的同源四倍体,人们已经发现人工产生的平伏甜菜的四倍体是完全可育的并且形态上类似于小碗状花甜菜。

(1)维比纳甜菜:维比纳甜菜发现于 1840 年,主要分布在非洲加那利群岛。多年生,植株高人,似灌木状,茎高可达 1~2 m,叶片较长呈箭头状,根粗,木质化,含糖率 1.0%~1.5%,出苗后第一年即能开花结实,花期长,果实为单果型,小盘状,种子千粒重 5~7 g,果皮坚硬,种子休眠期可长达 5 年以上,属于二倍体甜菜,抗旱性强,是较好的抗性资源。

(2)平伏甜菜:平伏甜菜发现于 1815 年,主要分布在非洲加那利群岛。多年生草本,植株矮小,叶片较小呈箭头状,深绿色,叶面平滑,根部较小,根产量低,根色白,木质化,含糖率较低,当年抽薹结实,果实为单果型,小盘状,种子千粒重 7~8 g,种子发芽缓慢,对线虫、褐斑病及曲顶病有免疫能力,抗旱性强,体细胞中染色体有 18 条,属于二倍体。

(3)小碗状花甜菜:小碗状花甜菜发现于 1849 年,主要分布在非洲加那利群岛、意大利南部。多年生草本,植株矮小,浅绿色,叶片呈心形,根小,木质化,含糖率低,当年抽薹结实,果实为单果型,小盘状,种子萌发缓慢,体细胞中染色体是 36 条染色体的同源四倍体群体,自交结实,抗黄化病和线虫病。

2.1.2 白花甜菜组

本组的种属于异花传粉,然后产生新的形态,之后为无融合生殖所固定。本组主要分布在小亚细亚高原地区,包括土耳其、伊朗、亚美尼亚和格鲁吉亚等。

在利用形态特征和地理分布模式对白花甜菜组进行的研究中,人们认为只有有性生殖的种,也就是花边果甜菜(*B. lomatogona*)、大根甜菜(*B. macrorhiza*)和白花甜菜(*B. corolliflora*)应该被考虑为基础的种,而作为杂交和无融合生殖形式的三蕊甜菜(*B. trigyna*)推测为白花甜菜和花边果甜菜的杂交形式,而中间型甜菜(*B. intermedia*)同样被描述为三蕊甜菜和花边果甜菜的中间形式。遗传多样性分析表明,白花甜菜比花边果甜菜和大根甜菜显示出更多的多态性与杂合性。

白花甜菜组所有的种都是多年生的,并且有一个健壮的主根和一个较大、疏松、长分枝可达 1.5 m 的顶生圆锥花序,该种要么是单胚,要么是多胚。三蕊甜菜和白花甜菜多分布在可耕地范围内,大根甜菜是一种比较典型的分布于路边和野外栖息地的甜菜。

(1)大根甜菜:大根甜菜也称长根甜菜,发现于 1812 年,主要分布在土耳其安纳托利亚东部高原、外高加索高山地带。多年生草本,植株较高,有明显的茎,叶片较大,叶柄细,茎基部生长的叶近圆形,茎生叶卵圆形,深绿色,根肉白色,根体较长,入土可达 1.5 m,根重可达 10 kg,含糖率 5%~10%,多年生,果实为复胚种,自交不育,种子千粒重 40~90 g,喜湿耐寒,体细胞中有 18 条染色体,属于二倍体甜菜。

（2）花边果甜菜：花边果甜菜也称单果甜菜，发现于 1838 年，分布在土耳其安纳托利亚中部高原、外高加索高山地带。二年生或多年生，植株较高，有明显的直立茎，分枝少，叶片呈窄披针形，深绿色，叶柄长，叶脉和叶柄有时呈现红色，根肥大，肉质白色，分叉，木质化，入土很深，生长缓慢，根重可达 5 kg 左右，含糖率 8%~9%，果实有单胚型和多胚型，自交不育，抗旱，耐盐碱，抗黄化病，体细胞中有 18 条或 36 条染色体，有二倍体，个别也有同源四倍体甜菜。

（3）中间型甜菜：中间型甜菜发现于 1879 年，主要分布在土耳其安纳托利亚中部高原。多年生，根长呈纺锤形，入土很深，种子多胚型，形态性状介于单果甜菜和三蕊甜菜之间，抗寒性、耐旱性突出，体细胞中有 36 条染色体，属于异源四倍体甜菜。

（4）三蕊甜菜：三蕊甜菜发现于 1802 年，主要分布在土耳其安纳托利亚西部高原、巴尔干半岛和克里米亚高山地带。多年生，植株高大，具有明显直立高大的茎，茎绿色，基部粉红色，叶片肥大厚实呈蓝绿色，叶柄长，根长呈圆柱形，根肉白色，入土可达 1.5 m，根重可达 10 kg，含糖率 4%~10%，果实为复胚型，抗寒性突出，抗褐斑病，体细胞中有 36 条或 54 条染色体，属于异源四倍体和异源六倍体甜菜。

（5）白花甜菜：白花甜菜主要分布在外高加索、土耳其安纳托利亚东北部高原一带。多年生，自交不育，植株较高，有明显的茎，叶片呈卵形，根粗而长，分叉，入土很深，根重可达 10~15 kg，含糖率 10%~14%，最高可达 17% 以上，植株高大，果实为复胚型，抗寒性强，体细胞中有 36 条染色体，为同源四倍体甜菜。

（6）矮生甜菜：矮生甜菜发现于 1846 年，主要分布在希腊高山地带。多年生草本，植株矮小，生长缓慢，根小，白色，含糖率低，种子为单胚型，自交结实，耐寒性较突出，体细胞中有 18 条染色体，属于二倍体甜菜。

2.1.3　普通甜菜组

Letschert 等人将普通甜菜组分为 3 个种，普通甜菜种（*B. vulgaris*）是一个大的种，包含栽培甜菜和野生甜菜，又分为 3 个亚种，分别为普通甜菜亚种（subsp. *vulgaris*）、滨海甜菜亚种（subsp. *maritima*）以及阿丹勒斯亚种（subsp.

adanensis),其中普通甜菜亚种包含所有的栽培甜菜,所谓大杂草甜菜被包含在沿海甜菜亚种中;普通甜菜组另外两个种分别为大果甜菜(*B. macrocarpa*)和岔根甜菜(*B. patula*)。

(1)普通甜菜:普通甜菜发现于1753年,主要分布在西亚、地中海沿岸以及西欧一带。在人工选择的作用下,野生普通甜菜被逐步改良成栽培甜菜,现在栽培甜菜已经遍布世界。普通甜菜种为二年生,有多粒及单粒、二倍体和四倍体等几种形式。

(2)岔根甜菜:岔根甜菜发现于1789年,主要分布在北大西洋的东部、马德拉岛海岸一带。一年生或多年生,植株矮小,高20~25 cm,叶子小呈窄披针形,根白色,纤细分叉,木质化严重,含糖率1.5%~2.0%,当年抽薹结实,果实大,复胚型,含有3~5个种子,种子千粒重40~50 g,体细胞中有18条染色体,属于二倍体甜菜,抗线虫病和黄化病。

(3)大果甜菜:大果甜菜发现于1827年,分布于地中海沿岸。为一年生多胚,二倍体。

2.1.4 普通甜菜亚种

(1)滨海甜菜:滨海甜菜也称沿海甜菜,发现于1762年,分布较广,主要分布在法国北部、英国、比利时、荷兰、丹麦、瑞典以及意大利北部一带。包含一年生和多年生,植株较大,有明显的茎,基部叶片呈三角形或心形,叶柄绿色或浅红色,中部叶呈菱形,上部叶多呈披针形,根白色,有分叉,木质化,根重150~200 g,果实复胚为主,具有抗褐斑病、耐寒、抗旱等优良性状,体细胞中有18条染色体,为二倍体甜菜。

(2)多年生甜菜:多年生甜菜发现于1904年,主要分布在印度、苏丹、墨西哥等。多年生或一年生,种子为多胚型,体细胞中有18条染色体,属于二倍体甜菜。

(3)阿丹勒斯甜菜:野生亚种,阿丹勒斯甜菜分布在希腊、塞浦路斯、土耳其等。

(4)普通甜菜:包括所有的栽培甜菜类型,如叶用甜菜、糖用甜菜、饲料甜菜以及红甜菜等等。

2.1.5　栽培甜菜类型

（1）叶用甜菜（leaf beets）：叶用甜菜的历史可以追溯到公元前2000年。它们在古希腊和中世纪欧洲被用作药用植物，随着菠菜的引入，它们在欧洲的受欢迎程度有所下降。叶用甜菜主要利用的部位是叶子。叶子作为蔬菜食用，可再细分为两类，食用叶子的品种（spinach beet），食用叶梗的品种（chard），具有肥大肉质的叶梗。

（2）莙荙菜（spinach beet）：莙荙菜属于叶用甜菜的一种，这个品种因其叶子而被广泛种植，叶子通常像菠菜一样烹饪，在世界各地都很受欢迎。

（3）牛皮菜（chard）：牛皮菜被认为是由莙荙菜突变而来的，也是一种叶用甜菜，有厚而松软的中脉用作蔬菜。一些栽培品种也因其彩色的中脉而被种植。

（4）饲料甜菜（mangel wurzel）：饲料甜菜这个栽培类型是在18世纪开发的，以它的块茎用作饲料作物。

（5）糖用甜菜（sugar beet）：糖用甜菜是一种主要的商业作物，由于它的蔗糖含量高，因此通常作为加工蔗糖的原料。

（6）红甜菜（red beet）：红甜菜是一种红色的根类蔬菜，是栽培甜菜的一种类型。它在东欧特别受欢迎，在那里它是罗宋汤的主要成分。

（7）能源甜菜（energy beet）：能源甜菜是近年来才出现的栽培甜菜类型。能源甜菜是指经专门种植，用以提供生产能源原料的甜菜。其栽培目的是生产液体、固体能源。目前，能源甜菜品种主要来源于现有的糖用甜菜品种，也有利用糖用甜菜与饲料甜菜配制的高产甜菜组合中选择的品种。

2.2　甜菜营养生长相关术语

（1）甜菜根头（beet top）：俗称青头或青顶，为着生叶片的部位，与根茎相连。

（2）甜菜根茎（beet crown）：位于根头与根体之间，为根头最下部的叶根（干枯叶痕）至根沟顶端部分，为甜菜下胚轴发育而来。

（3）甜菜根体（beet main root）：也称块根，从着生侧根向下至尾根部分。

（4）甜菜根沟（beet root grooves）：甜菜肥大直根表面纵向分布着大量根毛的浅沟，影响甜菜收获质量和切割强度，是重要的育种改良目标性状。

（5）甜菜尾根（beet tail）：甜菜根直径 1 cm 以下部分。

（6）根叶比（root leaf ratio）：甜菜根与叶的重量比值。

（7）叶面积指数（leaf area index，LAI）：又称叶面积系数，指作物群体的总绿叶面积与该群体所占据的土地面积的比值。

（8）下胚轴（hypocotyl）：子叶与根之间的一部分称为下胚轴，甜菜下胚轴的颜色是甜菜重要的农艺性状。

（9）胚轴（plumular axis）：种子植物胚的组成部分之一，为子叶着生点与胚根之间的轴体。种子萌发后，发育成连接茎和根的部分。

（10）上胚轴（epicotyl）：子叶到第 1 片真叶之间的部分，称为上胚轴。

（11）甜菜生育期（growing period）：从出苗到甜菜根收获所经历的时间。由于甜菜是收获营养器官，所以没有固定的生育期。

（12）幼苗期（seedling stage）：从子叶露出地面（出苗）至初生皮层脱落的时期，幼苗期持续时间约为 30 天。

（13）叶丛繁茂期（leaf lush growth stage）：从初生皮层脱落到叶丛日增长量达到最大值的时期，为出苗后 40~80 天。

（14）块根及糖分增长期（root and sugar growth period）：自封垄至单株总面积达到最大到开始下降的时期，苗龄 65~100 天。末期的根/冠值（干物重）达到 1 左右。该期是块根增长和糖分累积最快的时期。

（15）糖分积累期（stage of accumulating sugar）：从块根根肉停止生长至叶丛总干重开始明显下降到收获的时期，苗龄 130~160 天。

（16）营养生长（vegetative growth）：甜菜的营养生长是指块根和叶子营养器官增长的量变过程，即从种子萌发到块根花枝（薹）分化之前的生长期。

（17）标准型（N-type）：（块）根产量和含糖率都较高的甜菜品种，介于丰产型与高糖型之间的类型。一般表现为生长势较强，适应性较广。

（18）丰产型（E-type）：（块）根产量高、含糖率略低的甜菜品种。一般表现为生长期长，生长势强，叶片肥大，工艺成熟期晚。

（19）高糖型（Z-type）：含糖率高、（块）根产量略低的甜菜品种。

（20）标准偏高糖型（NZ-type）：糖分略高于标准型的甜菜品种。

（21）标准偏丰产型（NE - type）：根产量略高于标准型的甜菜品种。

（22）抗褐斑病型（resistance to cercospora leaf spot）：对褐斑病不感染或轻微感染的甜菜品种。

（23）耐丛根病型（tolerant to rhizomania）：对丛根病在中度病区轻微感病的甜菜品种。

（24）耐根腐病型（tolerant to root rot）：对根腐病在中度病区轻微感病的甜菜品种。

（25）染色体（chromosome）：存在于细胞核中由核酸和蛋白质组成，能被染料染色的丝状或棒状体，是遗传的主要物质基础。

（26）甜菜染色体组（chromosome set）：甜菜的一组染色体，由九条染色体组成。

（27）单倍体（haploid）：由配子直接发育而来，体细胞中含有本物种配子中染色体数目的个体。二倍体的单倍体含有一个染色体组（x = 9）。

（28）二倍体（diploid）：甜菜体细胞中含有二个染色体组（2x = 18）。

（29）三倍体（triploid）：甜菜体细胞中含有三个染色体组（3x = 27）。

（30）四倍体（tetraploid）：甜菜体细胞中含有四个染色体组（4x = 36）。

（31）同源四倍体（autotetraploid）：在四倍体中，增加的染色体组来自同一物种或者是原来的染色体组加倍，一般采用秋水仙素对二倍体进行加倍而来。

（32）异源四倍体（allotetraploid）：在四倍体中，增加的染色体组来自不同的物种。

（33）多倍体（polyploid）：甜菜体细胞中含有三个及以上染色体组。

（34）同源多倍体（autopolyploid）：在多倍体中，增加的染色体组来自同一物种或者是原来的染色体组加倍。

（35）异源多倍体（allopolyploid）：在多倍体中，增加的染色体组来自不同的物种。

（36）混倍体（mixoploid）：二倍体、三倍体、四倍体的混合体。一般是二倍体甜菜和四倍体甜菜互相授粉杂交而成的。

（37）整倍体（euploid）：染色体数目是甜菜染色体组数的完整倍数。

（38）非整倍体（aneuploid）：染色体数目是甜菜染色体组数的非完整倍数。

（39）甜菜三体（trisomic beet）：非整倍体的一种，甜菜体细胞中某同源染色体增加了一条,可写成2n+1。

(40)单体附加系:在整套染色体中附加一条外源染色体的个体。利用二倍体栽培甜菜(2n=18)与四倍体野生白花甜菜(2n=4x=36)进行种间杂交获得异源三倍体甜菜,栽培甜菜与异源三倍体甜菜连续回交获得了一套栽培甜菜附加了白花甜菜染色体的单体附加系。

(41)甜菜根腐病(beet root rot):由真菌或细菌引起甜菜根腐烂病的总称,包括蛇眼根腐病(*Phoma betae*)、丝核菌根腐病(*Rhizoctonia solani*)以及紫色根腐病(*Helicobasidium brebissonii*)等等。

(42)甜菜立枯病(seedling blight of beet):由立枯丝核菌、镰刀菌、猝倒病原菌等引起并发生在甜菜上的病害。该病害主要危害幼根和子叶下轴,严重时整个根部和子叶下轴变黑腐烂。

(43)甜菜褐斑病(cercospora leaf spot):由甜菜尾孢菌侵染所引起并发生在甜菜上的一种病害。主要发病部位是叶、叶柄和种球。甜菜褐斑病是影响甜菜产量的一种病害,在各甜菜种植国均有发生。发病由老叶开始,然后是幼叶。发病初期在叶部表现为叶表面出现很多针尖大小的褐色小斑点,之后斑点逐渐扩大,呈圆形、椭圆形或不规则的轮廓。最后叶片病斑连成大片,造成叶片的干枯脱落。在一般年份,该病可造成甜菜块根减产10%~20%,甜度降低1~2度,叶茎损失40%~70%。

(44)甜菜白粉病(beet powdery mildew):甜菜白粉病的病原菌是真菌。它的寄主植物有限,仅限于甜菜属,这有别于其他病原菌。开始时在中老龄叶片表面形成较单一的圆形灰白色斑点,然后逐渐发展为成片灰白色、带毛的面粉式菌丝体覆层,这些菌丝体可以在不损伤叶片表皮的情况下被擦掉。随着病情发展,叶片背面也可能受侵染。病情特别严重时,心叶也会受侵染。发病初期只是单一植株,而随后将连成片。发病初期,在白色菌丝体覆层下叶片还呈绿色,但随病情发展叶片将变黄至棕褐色,最后干枯。白色菌丝体覆层最初形成小的黄色球状物,随后变成黑色点状物(闭囊壳)。叶片正反面好像被撒上了面粉是白粉病的典型症状,不会与其他病害相混淆。

(45)甜菜黄化病毒病(beet yellow virus,BYV):黄化病毒包含两种不同的病毒,分别为BMYV和BYV,并分别由不同的蚜虫传播到甜菜上。病毒引起的病症相似,它们可以在同一植株上同时引发病害。在低龄植株的新叶上,BYV

可以首先引起叶脉颜色变浅或黄化,病症的严重程度与病毒的侵染性相关。随后在老叶片上从叶边缘开始显现没有清楚界限的黄色斑点,然后扩展到全叶片,颜色可以从柠檬黄带红色斑点至古铜黄,在黄化部位可以形成点状或条状坏死斑,部分叶脉可长时间保持绿色。

(46)甜菜花叶病毒病(beet mosaic virus,BMV):甜菜花叶病的病原是通过蚜虫传播的,属于马铃薯 Y 病毒类。最早的症状是在感染后 1~2 周内,幼龄叶片的叶脉颜色变浅。随后在整个叶片上生成连片的黄绿色斑点,叶片可能呈玻璃状并卷曲,叶柄变短,外围叶片并不一定有可见症状。

(47)甜菜蛇眼病(phoma root rot or leaf spot):该病由蛇眼菌引起,在甜菜植株的不同部位引发不同的症状,在甜菜幼苗上引起立枯病;在叶上引起叶斑病;在种株叶片上引起长形斑点;在块根上引起根腐。蛇眼病与其他斑病的区别是它在枯死的病组织上有众多的黑色分生孢子器,在放大镜下可见,这一特征是蛇眼菌专有的。

(48)甜菜丛根病(rhizomania):丛根病是一种由土壤真菌传播的病毒性病害,病毒的名称为甜菜黄脉坏死病毒(beet necrotic yellow vein virus,BNYVV),取自它的叶部症状,但不常见。除了叶脉黄化外,根须以下细长的主根以及变粗的侧根也是丛根病的典型症状。斜切根部可见维管束最先变黄最后变成深棕色。如果病情严重,主根有可能在收获时已经腐烂。

(49)甜菜锈病(beet rust):该病的病原是真菌,由真菌寄生,夏季后期至秋天,甜菜中部及外围叶片的正面(有时也在反面)形成大量大约1 mm的棕红色锈斑,锈斑下叶片失绿(黄色)。一般情况下个别植株感病严重,而田间其他植株没有感病症状。感病严重的老叶片萎蔫、干枯,最后死亡。新叶片不枯萎但表面变得不规则、卷曲,并逐渐黄化。病害十分严重时,整个植株可能死亡。

(50)甜菜根结线虫病(root knot nematode disease of beet):由甜菜根结线虫引起的甜菜根部病害。受危害的植物生长变得缓慢,遇干旱急速枯萎,病态逐渐加重,根茎散乱。在根上可观察到大量结节状的虫瘿。虫害严重的情况下,植株将会出于虫瘿的生长而枯萎。

(51)甜菜罹病率(infected plant percentage):甜菜发病株数占调查株数的百分数。

(52)甜菜病情指数(beet disease index):甜菜发病的严重程度。

(53)甜菜叶斑病(beet leaf spot):引起甜菜叶斑病的病原菌是 *Ramularia*，所引起的叶斑不规则，呈多角形或直径为 4～8 mm 的圆形斑(最大可达 12 mm)，与健康组织间有一道不明显的较窄的棕色边缘。斑内的组织颜色可从灰色到浅棕色。植株从老叶片开始发病，逐渐向新叶片扩展，心叶一般不发病，叶片损失会刺激植株不断产生新叶。

(54)田间试验(field trial):是指在田间土壤、自然气候等环境条件下栽培作物，并进行与作物有关的各种科学研究的试验。

(55)小区试验(plot experiment):在田间按试验设计进行多次重复的小面积试验。

(56)根产量(root yield):单位面积甜菜根的产量。

(57)含糖率(sugar content percentage):甜菜根中含蔗糖的质量百分数。

(58)公顷含糖量(sugar yield per hectare):公顷产甜菜量与甜菜含糖率之积。常用单位:吨/公顷(1 公顷 = 10000 平方米)。

(59)品质分析(quality analysis):对甜菜根体内钾、钠、α-氮等的测定过程，确定三者在甜菜根中的含量。

(60)有害氮(harmful nitrogen):甜菜根体中含氮的化合物,如硝酸盐、酰胺、氨基酸和甜菜碱等。

(61)含钾(K content percentage):甜菜根体中含钾的质量百分数。

(62)含钠(Na content percentage):甜菜根体中含钠的质量百分数。

(63)原汁纯度(raw juice purity):甜菜原汁中的蔗糖占原汁中固形物的百分数。

(64)糖料甜菜(sugar beet):蔗糖含量较高,供糖厂加工的甜菜。

(65)叶用甜菜(leaf beet):俗称"厚皮菜",叶片肥大柔嫩,根小且多岔,叶子可供人食用的甜菜。

(66)饲用甜菜(stock beet、fodder beet):甜菜的(块)根产量和茎叶产量均较高,但含糖率低,约5%(或小于10%),用作饲料的甜菜。

(67)食用甜菜(table beet、red beet):又称红甜菜,俗称"紫菜头"或"火焰菜",根和叶或叶柄为紫红色,肥大直根可供人食用,可提取甜菜红。

(68)栽培甜菜(cultivated beet):经过人工选择后,由野生普通甜菜逐步培育成种植的甜菜。

(69)野生甜菜(wild beet):未经人工选择,自然生存下来的甜菜。

(70)观赏甜菜(garden beet):供观赏的甜菜。

(71)品种鉴定(variety certification):对新育成或引进的品种,根据品种区域试验结果和小面积生产表现,审查评定其推广价值和适应范围的过程。

(72)品种比较试验(variety trial):简称"品比试验"。将选出的品系或引入品种与对照品种在相对一致的条件下进行比较的试验。试验小区面积一般为 $10 \sim 20\ m^2$,随机区组排列,3 次重复。

(73)品种区域试验(regional variety trial):指新育成或引进的品种经育种单位试验表现优良并有推广可能时,在同一生态区域内选有代表性的若干地点,采取同一试验设计所进行的联合品种比较试验和生产试验,又称品种区域适应性试验,是品种选育与推广的中间环节。区域试验布点多、范围广,能在较多样的生态环境和接近大田生产的条件下进行试验,能对新育成品种的抗病性、抗逆性、经济性状等进行全面鉴定,有助于迅速明确新品种的推广价值和适应范围。

(74)品种生产试验(variety production trial):在较大面积的大田生产条件下,鉴定通过区域试验品种的经济性状和其他特性的试验。

(75)品种田间鉴评(variety field certification):在田间对品种进行评价的过程。

(76)白化苗 (albino seedlings):白化苗即为叶片中不含有叶绿素的植物幼苗。

(77)白化致死(albino lethal):小苗出土就表现为白苗,这是遗传现象,它因缺乏叶绿素不能自主生存,短时间内就会死亡。

(78)农艺性状(agronomic characteristics):指在甜菜的生育期间,下胚轴颜色、株高、叶面积、根型、叶形以及叶色等等可以代表甜菜品种特点的相关性状。

(79)遗传方差(genetic variance):又称表型方差,通常结合基因型方差和环境方差。遗传方差主要包括三方面:加性遗传方差、显性遗传方差和上位遗传方差。

(80)杂草甜菜(weed beet):无论其起源如何,都是与栽培甜菜杂交产生的,并保持其作为独立的、不同的种群的身份,它们可以被归类为普通甜菜亚种的自发成员。

2.3　甜菜生殖生长相关术语

（1）单粒种（monogerm variety）：又称单胚种、单果种、单芽种，种球内含有一个种胚且能遗传的种子。

（2）遗传单胚种（genetic monogerm seed）：通过遗传获得的种球内只含有一个种胚的种子。

（3）多胚种（multigerm seed）：又称多粒种、复果种、多芽种，种球内含有两个以上（包括两个）种胚的种子。

（4）育种家种子（breeder seed）：又称原原种，是育种家育成的遗传性状稳定、特征特性一致的家系或品系种子，用来繁殖原种的种子。

（5）原种（basic seed）：用育种家种子繁育的一代种子，用于繁殖良种（生产用种）的种子。

（6）良种（commercial seed）：用原种繁殖的种子，其纯度、净度、发芽率、水分四项指标均达到良种质量标准的种子。

（7）大田用种（qualified seed）：用常规原种繁殖的第一代至第三代或杂交种，经确认达到规定质量要求的种子。

（8）标准种（standard variety）：用于品种区域试验和生产试验作统一比较的对照种。

（9）对照种（contrast variety）：用于品种比较试验作对比的品种。

（10）甜菜种根（mother root）：又称母根，是经过选择和简单修削过的，供采种栽用的甜菜块根。其质量好坏不仅影响翌年采种质量，也直接影响窖藏效果。

（11）春播种根（spring-planted mother root）：春季播种用作采种的甜菜根。

（12）夏播种根（summer-planted mother root）：夏季播种用作采种的甜菜根。

（13）秋播种根（fall-planted mother root）：秋季播种用作采种的甜菜根。

（14）甜菜露地越冬采种（overwintering method of beet）：秋季播种甜菜在田间自然越冬采种的过程。

（15）甜菜返青（turning green）：露地越冬甜菜第二年春季恢复生长的过程。

（16）甜菜抽薹（sugar beet bolting）：甜菜种根栽植后茎开始生长的过程。

（17）当年抽薹（annual bolting）：在甜菜营养生长时期的抽薹。

（18）甜菜挖心（cut-back seed beet）：甜菜种根抽薹前将生长点挖掉的过程。

（19）打薹（cutting off bolting tips）：甜菜种株长到一定高度时摘去部分主薹的过程。

（20）甜菜摘尖（cutting off the shoot tips）：又称甜菜打尖，将甜菜枝条生长点去掉的过程。

（21）甜菜种株（seed-beet plant）：甜菜采种的植株。

（22）有效株（fruitful seed plant）：抽薹、开花并结实的种株。

（23）无效株（fruitless seed plant）：抽薹但不开花、不结实的种株。

（24）扁化株（fasciated plant）：花枝前端呈扁平带状的种株。

（25）顽固株（non-bolting plant）：不抽薹的种株。

（26）甜菜枝型（shooting type）：甜菜种株分枝的类型，如单枝型、多枝型、混合枝型等。

（27）单枝型（single-branch type）：有明显主枝无明显侧枝的甜菜种株。

（28）多枝型（poly-branch type）：无明显主枝有多分侧枝的甜菜种株。

（29）混合枝型（mixed branch type）：有明显主枝和侧枝的甜菜种株。

（30）种球（seed ball）：由一个或几个坚硬的小坚果组成，每个小坚果着生一粒种子。

（31）种仁（seed kern）：甜菜种球内的种子。

（32）结实密度（density of seed setting）：单位长度枝条着生的种球数。

（33）单粒株率（percentage of monogerm seed plant）：单粒株占总株数的百分数。

（34）结实部位（point of seed setting）：种株上着生的最低种球距地面的高度。

（35）雄性不育株率（percentage of male sterile seed plant）：雄性不育株占总株数的百分数。

（36）甜菜种子发芽势（emergence capacity）：发芽势是指种子在发芽试验初期规定的天数内（初次计数时），正常发芽种球数占供检种球数的百分数。它是鉴别种子发芽整齐度的主要指标，甜菜种子发芽势规定的天数为5天。

（37）甜菜种子发芽率（percentage ger mination）：在规定条件的时间内，长成的正常幼苗种球数占供检种球数的百分数,甜菜种子发芽率的天数为 10 天。

(38)单芽率(percentage monogerm):在规定条件的时间内,长成的正常单株幼苗数占供检种子正常幼苗总数的百分数。

(39)剖仁率(percentage of seed kernel in seed ball):具有种仁的种球占供检种球数的百分数。

(40)净度(percentage of purity):又称清洁率,用规定孔径的筛子筛理后,净种子所占的百分数。

(41)磨光种(polishing seed):经简单加工磨掉种球表面花萼的甜菜种子,除遗传本质外,其他特性(如粒径、比重等)有明显改变的甜菜种子。

(42)包衣种(coated seed):经种衣剂(包括杀虫剂、杀菌剂、染料和其他添加剂等)包衣处理的甜菜种子,其形状类似于原来的种子。

(43)机械单粒种(precision seed):甜菜多粒种经过机械加工,使每粒种球只含一个种仁的种子。

(44)腋芽(axillaey bud):发生于叶的近轴面与茎的夹角处的定芽。

(45)花序(inflorescence):花序轴及其着生在上面的花的通称。

(46)单位(unit):单胚种的标准包装规格,一个单位包含100000 粒种子。

(47)白西里西亚(White Silesian):通过对饲料甜菜进行混合选择而产生的第一个糖甜菜品种。

(48)单交种(single-cross hybrids):由多胚授粉系和单胚自交系杂交而成的甜菜种子。

(49)两年生甜菜(biennial beets):营养生长和生殖生长在两年内完成的甜菜。

(50)长日照植物(long-day plant,LDP):植物在生长发育过程中需要有一段时期,如果每天光照时数超过一定限度(14 h 以上),花芽才会更快形成,光照时间越长,开花越早,凡具有这种特性的植物即称为长日照植物。

(51)自交不亲和性(self-incompatibility):指具有完全花并可以形成正常雌、雄配子,但缺乏自花授粉结实能力的一种自交不育性。甜菜种质资源绝大部分为自交不亲和。

(52)自交可育(self-fertilization):部分拥有自交可育基因的甜菜种质资源可以实现自交可育,这是生产甜菜自交系的一种方法。

(53)自交衰退(inbreeding depression):杂种优势会随着自交逐渐消失,后代的杂种优势会逐渐变弱,这种现象叫作自交衰退。

(54)自交系(inbred line):从某一个品种的一个单株的后代连续自交多代,结合选择而产生的性状整齐一致、遗传相对稳定的自交后代系统。

(55)糖用甜菜种子(sugar beet seed):用于生产制糖原料的甜菜种子。

(56)普通多倍体(exoploid):以二倍体品系和四倍体品系互为父母本,按一定的比例自然杂交所获得的种子。

(57)雄性不育多倍体(polyploid based on CMS):以雄性不育二倍体(或四倍体)品系为母本,具有正常花粉的四倍体(或二倍体)品系为父本,按一定比例自然杂交所获得的杂种一代。

(58)甜菜雄性不育(beet male sterile):因甜菜花粉母细胞退化而不具有授粉能力,又称甜菜雄不育。

(59)丸化种(pelleted seed):为适应精量播种,将甜菜种子做成在大小和形状上没有明显差异的类似球状的单粒种子。丸化种除添加丸化物质外,可能含有杀虫剂、杀菌剂、染料或其他添加剂。

(60)净种子(pure seed):不同类型的甜菜种子用规定方法和规定孔径筛子筛理后留在筛子上的完整甜菜种球及破损种球。

(61)杂质(inert matter):除净种子和其他植物种子以外的所有其他物质。

(62)净度(percentage of purity):种子清洁干净的程度,一般是指供检样品中净种子的百分率。

(63)单粒率(percentage monogerm seed):单胚种子粒数占供检种子粒数的百分数。

(64)千粒重(the weight of 1000 seeds):符合国家甜菜种子质量标准规定水分的 1000 粒甜菜种子的质量,以克为单位。

2.4 甜菜育种相关术语

(1)抗农达(草甘膦)甜菜种子(resistant to glyphosate sugar beet seed):是利用转基因技术,将抗农达基因植入甜菜种子中,使其繁育成具有抗农达性状的种子。

（2）一年生甜菜（annual beet）：同一年完成营养生长和生殖生长的甜菜，常作为育种材料用于加速甜菜保持系的选育。

（3）诱变育种（mutation breeding）：是指用物理、化学因素诱导动植物的遗传特性发生变异，再从变异群体中选择符合人们某种要求的单株或个体，进而培育成新的种质或品种的育种方法。它是继选择育种和杂交育种之后发展起来的一项现代育种技术。

（4）化学诱变（chemical mutagenesis）：是用化学诱变剂处理植物材料，以诱发遗传物质的突变，从而引起形态特征的变异，然后根据育种目标对这些变异进行鉴定、培育和选择，最终育成新品种。化学诱变主要用于处理种子，其次为处理植株。处理种子时，先在水中浸泡一定时间，或以干种子直接浸在一定浓度的诱变剂中处理一定时间，水洗后可立即播种，或先将种子干燥、贮藏，以后播种。

（5）航天诱变（space mutation）：又称空间诱变，是20世纪80年代后期发展起来的新的诱变方法。返回式卫星（或宇宙飞船、航天飞机）和高空气球所能达到的空间环境长期处于微重力、强辐射、超真空和超洁净等环境条件下，与地面有很大的差异，在这些因素的作用下，可以诱发生物包括各种微生物、植物细胞或器官以及农作物种子等产生生理损伤和遗传变异，称为航天诱变。

（6）物理诱变（physical mutagenesis）：应用较多的是辐射诱变，即用 α 射线、β 射线、γ 射线、X 射线、中子和其他粒子、紫外辐射以及微波辐射等物理因素诱发变异。当通过辐射将能量传递到生物体内时，生物体内各种分子便产生电离和激发，接着产生许多化学性质十分活跃的自由原子或自由基团。它们继续相互反应，并与其周围物质特别是大分子核酸和蛋白质反应，引起分子结构的改变。

（7）单体附加系（monosomic additive line）：是指在整套染色体中附加一条外源染色体的个体。一般是用四倍体普通甜菜和二倍体野生甜菜杂交获得异源三倍体，再用二倍体普通甜菜进行回交而获得单体附加系。

（8）生殖生长（reproductive growth）：甜菜花、果实、种子等生殖器官的分化与形成的过程。

（9）甜菜基因组（beet genome）：甜菜 DNA 中的全部遗传信息的总称，包括染色体基因组、叶绿体基因组、线粒体基因组。

（10）甜菜分子标记辅助育种（beet molecular mark assisted breeding）：利用与甜菜特定育种目标性状相关联的分子标记作为辅助手段进行的育种，包括 RAPD、RFLP、AFLP、SSR、ISSR 等 DNA 分子标记。

（11）随机扩增多态性 DNA 标记（random amplified polymorphic DNA，RAPD）：简称 RAPD 是 1990 年发明并发展起来的，是建立在聚合酶链应（PCR）基础之上的一种可对整个序列的基因组进行分析的分子技术。其以 DNA 为模板，以单个人工合成的随机核苷酸序列（通常为 10 个碱基对）为引物，进行 PCR 扩增。扩增产物经琼脂糖或聚丙烯酰胺电泳分离以及溴化乙锭染色，在紫外透视仪上检测多态性。扩增产物的多态性反映了基因组的多态性。RAPD 技术现已广泛应用于生物的品种鉴定、系谱分析及进化关系的研究。

（12）限制性内切酶片段长度多态性（restriction fragment length polymorphism，RFLP）：RFLP 是最早发展的 DNA 标记技术。RFLP 是指基因型之间限制性片段长度的差异，这种差异是由限制性酶切位点上碱基的插入、缺失、重排或点突变所引起的。

（13）扩增片段长度多态性（amplified fragment length polymorphism，AFLP）：AFLP 是 1993 年荷兰科学家 Zabeau 和 Vos 发现的一种检测 DNA 多态性的新方法。对基因组 DNA 进行双酶切，形成相对分子质量大小不同的随机限制片段，再进行 PCR 扩增，根据扩增片段长度多态性的比较进行分析，可用于构建遗传图谱、标定基因和杂种鉴定以辅助育种。

（14）简单重复序列（simple sequence repeat，SSR）：是指重复单位长度和碱基组成基本一致，只有少数基因出现微小差异的一类短串联重复序列。SSR 是以 PCR 技术为核心的 DNA 分子标记技术，或称微卫星序列标记（microsatellite Scquence，mS）或短串联重复标记（short tandem repeat，STR）。

（15）基因组选择育种（genome selective breeding）：也叫基因组选择，主要是通过全基因组中大量的分子标记和参照群体的表型数据建立 BLUP 模型，估计出每一个标记的育种值，然后仅利用同样的分子标记估计出后代个体的育种值并进行选择。基因组育种是分子育种在高通量测序时代的产物，即利用高通量测序技术对群体进行研究，定位到控制某个目标性状的基因，然后通过序列辅助筛选或者转基因的方法来选育新的品种。

（16）基因编辑（gene editing）：又称基因组编辑（genome editing）或基因组工

程(genome engineering),是一种新兴的比较精确的能对生物体基因组特定目标基因进行修饰的基因工程技术。通过对基因片段的敲除、敲入及替换,实现对生物体某一特性或性状的改变。利用基因编辑技术能够对生物体的基因组及其转录产物进行定点修饰或者修改,早期基因编辑技术包括归巢核酸内切酶、锌指核酸内切酶和类转录激活因子效应物。近年来,以 CRISPR/Cas9 系统为代表的新型技术使基因编辑的研究和应用得以迅速拓展。

(17)转基因育种(transgenic breeding):用分子生物学方法把目标基因切割下来,通过克隆、表达载体构建和遗传转化使外来基因整合进植物基因组的育种方法。转基因育种的优势在于可以实现跨物种的基因发掘,拓宽遗传资源的利用范围,实现已知功能基因的定向高效转移,使生物获得人类需要的特定性状,为高产、优质、高抗农业生物新品种的培育提供了新的技术途径。

(18)甜菜雄性不育系(beet male sterile lines):甜菜种株花粉天然败育的甜菜品系,主要用于甜菜杂交育种中作为母本,实现百分之百的杂交。

(19)甜菜雄性不育保持系(beet "O" lines):保持甜菜雄性不育系种株花粉败育的甜菜品系,用于甜菜杂交育种。因以 Owen 型保持系为常见,又称"O"型系。

(20)甜菜自交不亲和(beet self-incompatibility):甜菜雌雄两性机能正常,但不能进行自花受精或同一品系内异株花粉受精的现象。

(21)甜菜自交可育(self-fertility):1942 年 Owen 开始研究自我育性遗传力,证明自交可育受单孟德尔因子 S^F 控制,纯合自育植株的遗传组成为 $S^F S^F$,杂合自育植株的遗传组成为 $S^F S^a$(或者 $S^F S^b$ 或者 $S^F S^x$),而 $S^a S^b$ 代表自交不育情况。命名 S^a、S^b、S^x 是必要的,因为不同的自育甜菜源可能携带许多不同的 S 等位基因。

(22)二元不育系(binary CMS lines):利用甜菜不育系与另外一个异型保持系杂交产生的杂种不育系统称二元不育系。

(23)醒芽技术(priming technique):又称种子引发技术,通过水合作用对温度、水分、萌发时间等进行渗透调控,使种子打破休眠,处于准备萌发的状态。

(24)单株选择法(individual selection):又称株系选择,该方法是从基础群体中依据甜菜块根产量、含糖率、工艺品质、抗性、花粉育性、单胚性等优良特性选择优良单株,分别编号采种,形成多个单株株系,下一代每个单株的后代分株系播种在选种试验圃内进行株系比较试验,每一株系种一小区,通常每隔五个或十个株系设一对照区。根据表现,淘汰不良株系,入选在比较试验中表现优良的单株株系,从当选株系内选择优良单株混合留种,形成新的选择基础群体或株系亲本材料。

(25)母系选择法(maternal line selection):母系选择法的选择程序与多次单株选择法基本相同,此法与系谱法的区别主要是在入选株不进行隔离,对花粉来源不加控制,只是根据母本的性状进行选择,所以称为母系选择法,又称无隔离系谱选择法。该方法的基本操作是从基础群体中选择优良的单株,将选择的优良单株栽植于一个隔离区内自由授粉,单株间不隔离,相互授粉,单株(母系)收获,翌年进行株行比较鉴定,选择优良母系。由于不进行隔离,所接受的花粉来源不清楚,所以只能根据母本性状进行选择。优点是无须隔离,简便,同时生活力不易衰退;缺点是选优纯合的速度较慢。

(26)集团选择法(bulk selection):该方法主要用于某一亲本综合经济性状的选择,是从基础群体中依据块根产量、含糖率、工艺品质、抗性等不同优良性状选择优良单株,按照类型混合组成集团,形成几个集团。组成每一集团的单株栽植于一个隔离区内自由授粉,集团间则应予以隔离,防止杂交。增加优良基因间重组,形成一个遗传基础更加优良的群体。不同集团收获的种子分别播种在一个小区内,以便在集团间和标准品种间进行比较鉴定,选出优良的集团。

(27)混合选择(mass selection):甜菜中的混合选择包括以下阶段:①从遗传变异群体中大量选择具有理想表现型的植株;②选择的植株通过自由异花授粉进行杂交;③从所有植株中大量收获种子并重新选择。该过程是以提高群体中优良基因型的频率为目的。这种方法对甜菜育种的贡献涉及以下几个方面:①使种群适应新的农业气候条件;②改善形态特征;③开发抗抽薹材料;④对多种疾病的抗性选择。

(28)甜菜育种(sugar beet breeding):在掌握丰富甜菜种质资源的基础上,选育具有丰产、高糖或某种特殊优良性状的品种改良工作,在提高甜菜产量质量、增强抗逆性、扩大种植区域、改革甜菜产区的种植制度和改良栽培管理技术等方面具有重要作用。甜菜育种约有 200 年的历史。1786 年德国的 Achard 选育出第一个糖甜菜品种西里西亚,含糖率只有 6%~8%。1850 年法国的 Vilmovia 用杂交方法选育出的甜菜品种含糖率为 12% 左右。19 世纪 80 年代欧洲各国相继开展育种工作,将含糖率提高到13%以上;19世纪90年代,开始用旋光计测定块根中含糖量,显著提高了育种效果;20世纪初,甜菜根中含糖率已达20%左右。1951年德国的Schlosser首先育成了多倍体品种。1958年人们利用雄性不育系获得了杂交种子,之后以单粒种一代杂种开始应用于生产。20世纪50年代,中国开始进行甜菜育种工作,60年代初生产上全部应用自育品种,至1985年育成甜菜二倍体及多倍体品种40余个,先后在生产上发挥了作用。

(29)甜菜育种目标(objective of beet breeding):总目标是选育丰产、高糖且具有较强的抗病性、抗旱性、耐寒性、耐盐碱性、抗当年抽薹性的甜菜。品质优良根中的有害氮、有害灰分含量低。适于机械化栽培植株直立、根形不宜过长的单粒型品种。各甜菜产区的自然气候特点和耕作栽培制度不同,其具体育种目标亦有差异。

(30)甜菜选择育种(selective breeding of sugar beet):采取混合选择或系统选择育种是甜菜育种的基本方法,按一定计划、一定育种目标,挑选具有优良性状的个体或集团培育新品种(系)。此方法简便,育种年限短,见效快,一般以经济性状和抗病性等为选择育种材料。如选择高产糖量亲本,常用相关图以阶梯划法进行选择。选择抗褐斑病亲本,一般采用目测5级分法鉴定品种发病程度。田间接种病原菌孢子诱发鉴定,或者在发病严重地区进行异地播种,诱发鉴定,还可对抗当年抽薹、高含糖、高纯度、低灰分等指标进行选择。

(31)甜菜无性繁殖(asexual propagation of sugar beet):用于克服杂交亲本花期不遇及远缘杂交不育,或保持和改良某些隐性性状,如单粒种甜菜用无性繁殖,保持单粒性状,改善其含糖率并提高抗病性等。通常以主要亲本作接穗,将具有某一特殊优良性状的亲本作砧木。有芽接、劈接、靠接等方法。

(32)杂交后代性状的遗传变异与选择(genetic variation and selection of traits in hybrid offspring):不同类型的甜菜品种经杂交后,其杂种后代性状的遗传变异有如下趋势:块根中含糖率大多数介于双亲之间,含糖率受母本的影响较大,遗传传递能力较强,以高糖自交系作母本的杂种后代一般含糖率较高,含糖率的性状从杂种一代和二代开始选择。杂种第一代的根产量具有明显的杂种优势,一般均高于双亲的平均值,个别组合可超双亲。目前普遍采用杂种优势育种,利用杂种一代,但根产量受环境条件影响较大,遗传力弱,随着提纯世代的增加,有降低的趋势,应在早代大量淘汰低产组合。杂种后代抗褐斑病性状多数介于双亲之间,较明显倾向于母本。选用抗病品种作母本,效果较好。抗褐斑病性状遗传力较强,有加性效应。甜菜杂种后代的遗传变异是多种多样的,应按育种目标选择杂交后代。在杂种第一代入选组合,杂种第二代入选单株,杂种第三代选择优良株系,并进行单株选择,对种子量大的组合,可进行初级比较试验,杂种第四代进行比较试验,决选优良株系,采收优良株系或优良单株种子,杂种第五代决选优良品系,杂种第六代继续进行高代品系比较试验和品系杂交组合配合力鉴定。通过各世代的选择和鉴定,选出优良组合,参加品种异地鉴定和区域试验,并进行多点生产示范。达到育种目标的优良组合,经审定命名应用于生产。

(33)甜菜杂交育种(cross-breeding of beet):常采用品种内、品种间和远缘杂交三种有性杂交方法。根据甜菜具有偏母本遗传的特点,选配杂交组合时,以具备适应当地自然条件、主要性状突出等优点的亲本作母本;以地理上远缘、性状差异大、配合力强、可弥补母本不良性状的亲本作父本。甜菜育种的目标是创造目标性状稳定、可靠的品种,在尽可能低的生产成本下创造单位面积内最高的产糖量,并且满足环境、种植者以及糖厂的其他需求。糖的产量是由含糖率和根产量的乘积所决定的,而根产量和含糖率之间总是负相关的,这两个组分同时最大很难实现。因此品种通常被分为 E 型(强调根产)、Z 型(强调含糖率)和 N 型(标准型,介于二者之间)。近年来,在品种的选择上,有一种普遍选择高含糖率品种的需要,但是对于任何一个特殊的地区,品种类型的选择都要受到许多因素的影响。

(34)甜菜单交种(single cross hybrid):一般以二倍体多胚授粉系为父本,单胚细胞质雄性不育系为母本杂交而成。

(35)甜菜双交种(double cross hybrid):四个自交系两两杂交,生成的两个 F_1 再次杂交,所得的后代称为双交种,一般采用一个单胚保持系给单胚异质不育系授粉得到的 F_1 作为第二次杂交的母本,一个多胚恢复系给一个单胚不育系授粉得到的 F_1 作为第二次杂交的父本。

(36)甜菜三交种(three way cross hybrid):一般以二倍体多胚授粉系为父本,单胚二元不育系为母本杂交而成。

(37)二倍体雄性不育杂交种(hybrid of diploid male sterility):以二倍体细胞质雄性不育系为母本,二倍体授粉系为父本,只收获母本采种株上的种子,这种种子就是二倍体细胞质雄性不育杂交种。又根据母本的粒性不同,将二倍体雄性不育杂交种分为单胚二倍体细胞质雄性不育杂交种和多胚二倍体细胞质雄性不育杂交种。

(38)单胚雄性不育杂交种(hybrid of monogerm male sterility):一般指单胚细胞质雄性不育杂交种。一般以具有细胞质不育基因 S 和细胞核不育基因 xxzz 以及单胚基因 mm 的品系在甜菜杂交育种中作为母本,多胚授粉系作为父本用来生产单胚杂交种。遗传单胚细胞质雄性不育的应用使甜菜无须间苗和定苗等需要大量人工的操作。

(39)多胚雄性不育杂交种(hybrid of multigerm male sterility):一般指多胚细胞质雄性不育杂交种。一般以具有细胞质不育基因 S 和细胞核不育基因 xxzz 以及多胚基因 MM 的品系在甜菜杂交育种中作为母本,多胚授粉系作为父本杂交而成,收获时只收获母本上的种子。

(40)多倍体雄性不育杂交种(hybrid of polyploid male sterility):多倍体雄性不育杂交种一般指三倍体雄性不育杂交种。多倍体雄性不育杂交种一般以二倍体细胞质雄性不育系为母本,四倍体多胚授粉系为父本杂交而成,仅收获母本采种株上的种子。2005 年之前欧洲国家育成的商业品种大多为多倍体品种。

(41)单胚多倍体雄性不育杂交种(hybrid of monogerm polyploid male sterility):以单胚二倍体细胞质雄性不育系为母本,四倍体多胚授粉系为父本进行杂交,在母本采种株上收获的种子为单胚多倍体雄性不育杂交种。

(42)多胚多倍体雄性不育杂交种(hybrid of multigerm polyploid male sterility):以多胚二倍体细胞质雄性不育系为母本,四倍体多胚授粉系为父本进行杂交,在母本采种株上收获的种子为多胚多倍体雄性不育杂交种。

(43)半同胞选择(half-sib family):选择一定数量的群体,任其开花相互授粉结实,再每株分别收获种子,但仅知道收获的每个种子的母本(半同胞姊妹),不知道父本。

(44)全同胞选择(full sibs):全同胞后代选择方法是只有两个个体之间成对杂交产生后代,每一个全同胞后代的父母本一致。通用做法是在第一年按照形态学以及化学检测的标准选择母根;第二年将选择的母根两两之间进行成对杂交,产生全同胞后代;第三年将每一个全同胞种子分成两份,一份进行繁殖母根,另外一份进行田间试验,依据田间试验决定留存哪个全同胞的母根;第四年将留存的全同胞母根混合,形成改良群体。

（45）轮回选择（recurrent selection）：轮回选择是一种周期性的群体改良方法,它能在有效保持群体遗传多样性的基础上,打破基因间的连锁,增加优良基因重组的机会,使群体中优良基因频率不断提高,尤其适用于数量性状的改良,比如提高群体的产量及构成因素和配合力,达到改善群体表现的目的。

（46）交互轮回选择（recurrent selection among groups）：交互轮回选择也叫群体间轮回选择,该育种方法的设计是为了同时帮助两种类型的基因进行选择,并要求植物既杂交又自交。

（47）单倍体诱导系（haploid inducer）：具有诱导母本雌配子体形成单倍体的品系,目前已成为玉米育种中利用最多的诱导系材料。育种家利用Slock6作父本诱导了大量的母本单倍体,从中获得的部分玉米自交系已在生产上应用。目前在甜菜上正利用基因编辑的方法创造甜菜的单倍体诱导系。

（48）DNA指纹图谱（DNA finger printing）：DNA指纹图谱技术由英国科学家Jeffreys开发,具有快速、准确等优点,是鉴别品种、品系的有力工具,已广泛应用于作物的品种资源多样性和纯度鉴定研究。DNA指纹图谱具有丰富的多态性、高度的个体特异性和环境稳定性,可以像人类指纹一样用来区分不同的个体。构建物种品种DNA指纹图谱,可以对品种资源管理和品种保护利用起到很好的作用。

（49）RFLP标记（RFLP markers）：RFLP是指基因型之间限制性片段长度的差异,这种差异是由限制性酶切位点上碱基的插入、缺失、重排或点突变引起的。

（50）SNP型标记（SNP-type markers）：SNP分子标记是指在基因组上单个核苷酸的变异形成的遗传标记,其数量很多,多态性丰富。

（51）半同胞家系（half-sib family）：同父异母或异父同母后代的集合体称为半同胞家系。

（52）初级三体（primary trisomics）：指增加的一条染色体与原来的一对同源染色体完全相同。

（53）组织培养技术（tissue culture techniques）：植物的组织培养是根据植物细胞具有全能性这个理论发展起来的一项无性繁殖的新技术。植物的组织培养广义上又叫离体培养,指从植物体分离出符合需要的组织、器官或细胞、原生质体等,通过无菌操作接种在含有各种营养物质及植物激素的培养基上进行培养以获得再生的完整植株或生产具有经济价值的其他产品的技术。狭义上是指用植物各部分组织,如形成层、薄壁组织、叶肉组织、胚乳等进行培养获得再生植株,也指在培养过程中从各器官上产生愈伤组织的培养,愈伤组织再经过分化形成再生植物。

(54)春化阶段(vernalization period):又称感温阶段,是植物个体发育的一个时期。植物在对外界条件的要求中,以特定的温度条件(适当低温)为主要因素,只有满足这些条件,植物才能继续正常生长发育。

(55)春化作用(vernalization):一般是指植物必须经历一段时间的持续低温才能由营养生长阶段转入生殖生长阶段的现象,这一现象称为春化作用。

(56)单体附加系(monosomic addition lines):在整套染色体中附加一条外源染色体的个体。

(57)多倍体品种(polyploid varieties):体细胞中含有三个或三个以上染色体组的品种,甜菜一般多为三倍体品种。

(58)发根农杆菌(Agrobacterium rhizogenes):发根农杆菌是一类宿主范围广泛的土壤杆菌。农杆菌在侵染植物后,能够诱导植物产生大量高度分支的不定根,通常称为发根。发根农杆菌侵染植物所产生的发根具有生长速度快、分化程度高、生理生化和遗传性稳定、易于进行操作控制等特点。

(59)方差分析(analysis of variance,ANOVA):又称变异数分析,用于两个及两个以上样本均数差别的显著性检验。由于各种因素的影响,研究所得的数据呈现波动状。造成波动的原因有两个,一个是不可控的随机因素,另一个是研究中施加的对结果形成影响的可控因素。

(60)非整倍体配子(aneuploid gametes):是指比该物种正常配子染色体多或少一个至几个染色体的配子。

(61)分子标记(molecular marker):分子标记的概念有广义和狭义之分。广义的分子标记是指可遗传的并可检测的 DNA 序列或蛋白质。狭义的分子标记是指能反映生物个体或种群间基因组中某种差异的特异性 DNA 片段。

(62)分子标记辅助选择(marker assisted selection,MAS):分子标记辅助选择是随着现代分子生物学技术的迅速发展而产生的新技术,它可以从分子水平上快速准确地分析个体的遗传组成,从而实现对基因型的直接选择以进行分子育种。该技术应用主要集中在基因聚合、基因渗入、根据育种计划构建基因系等方面。

（63）分子方差分析（analysis of molecular variance，AMOVA）：通过估计单倍型（含等位基因）或基因型之间的进化距离，进行遗传变异的等级划分。对于近年来在遗传多样性和群体遗传结构研究中大量应用的 RAPD、ISSR、AFLP 技术，AMOVA 方法受到广泛的欢迎。

（64）根癌农杆菌（Agrobacterium tumefaciens）：它是一种革兰氏阴性土壤杆菌，其上含有 Ti 质粒，质粒上有一段 T－DNA。当双子叶植物的细胞受伤时会释放大量酚类物质，在酚类物质的诱导下，农杆菌会吸附在植物受伤处，T－DNA 片段这时就会转移并整合到受体物的基因组中。

（65）恢复基因 X（restorer gene X）：甜菜核质互作型雄性不育的细胞核育性恢复基因之一。

（66）恢复基因 Z（restorer gene Z）：甜菜核质互作型雄性不育的细胞核育性恢复基因之一。

（67）基因表达序列标签（expressed sequence tags）：互补 DNA（cDNA）分子所测得部分序列的短段 DNA（通常为 300～500 bp）。

（68）基因渗入（introgression）：基因渗入在遗传学（特别是植物遗传学）中指两个基因库间的基因流动，通常经过种间杂交产生。基因渗入是一个长期的过程，它可能需要许多代杂交才能产生回交。

（69）基因加性和非加性效应（additive and nonadditive effects）：基因加性效应认为控制数量性状遗传的各个基因的效应是累加的。基因非加性效应是指由等位基因或非等位基因间的相互作用产生的效应，包括显性效应和上位效应。

（70）聚合酶链反应（polymerase chain reaction，PCR）：聚合酶链反应，是一种用于放大扩增特定的 DNA 片段的分子生物学技术，它可看作是生物体外的特殊 DNA 复制，PCR 的最大特点是能将微量的 DNA 大幅增加。

（71）开放授粉群体（open-pollinated populations）：不进行隔离，群体内互相授粉。

（72）农杆菌介导法（Agrobacterium-mediated method）：农杆菌介导法主要以植物的分生组织和生殖器官作为外源基因导入的受体，通过真空渗透法、浸蘸法及注射法等使农杆菌与受体材料接触,以完成可遗传细胞的转化,然后利用组织培养的方法培育出转基因植株,并通过抗生素筛选和分子检测鉴定转基因植株后代。

(73)配合力(combining ability):指一个亲本(纯系、自交系或品种)材料在由它所产生的杂种一代或后代的产量或其他性状表现中所起作用相对大小的度量,又称结合力、组合力。

(74)三倍体单胚杂种(triploid monogerm hybrids):以四倍体甜菜授粉系为父本,二倍体单胚不育系为母本杂交而成。

(75)数量性状基因座(quantitative traitlocus,QTL):是指控制数量性状的基因在基因组中的位置。对 QTL 的定位必须使用遗传标记,人们通过寻找遗传标记和感兴趣的数量性状之间的联系,将一个或多个 QTL 定位到位于同一染色体的遗传标记旁,换句话说,标记和 QTL 是连锁的。

(76)双单倍体(double-haploid):一般通过花粉或者花药培养获得单倍体,加倍后即为双单倍体。

(77)特定序列扩增(sequence characterized amplified regions,SCAR):通常是由 RAPD、SRAP、SSR 标记转化而来的。SCAR 标记是将特异标记片段从凝胶上回收并进行克隆和测序,根据其碱基序列设计一对特异引物(18~24 碱基);也可对 RAPD 标记末端进行测序,在原 RAPD 所用 10 碱基引物的末端增加 14 个左右的碱基,成为与原 RAPD 片段末端互补的特异引物。SCAR 标记一般表现为扩增片段的有无,是一种显性标记,当扩增区域内部发生少数碱基的插入、缺失、重复等变异时,表现为共显性遗传的特点。

(78)体细胞无性系变异(somaclonal variation):体细胞无性系变异是指植物体细胞在组织培养过程发生变异,进而导致再生植株发生遗传改变的现象,该现象普遍存在于各种再生途径的组织培养过程中。

(79)体细胞杂交(somatic hybridization):又称体细胞融合,指将两个原生质体不同的体细胞融合成一个体细胞的过程。融合形成的杂种细胞,兼有两个细胞的染色体。

(80)细胞质雄性不育系(cytoplasmic male sterile):是雄性不育中最重要的一种类型,在高等植物中普遍存在。细胞质雄性不育容易实现不育系、保持系和恢复系的配套,目前甜菜育种主要采用的就是细胞质雄性不育系作为母本。

(81)形态标记(morphological markers):形态标记是遗传标记的一种,指肉眼可见的或仪器测量动物的外部特征(如毛色、体型、外形、皮肤结构等),以这种形态性状、生理性状及生态地理分布等特征为遗传标记,研究物种间的关系、分类和鉴定。

(82)异附加系(alien addition lines):是指通过人工远缘杂交,然后自交或回交,使作物的染色体组附加了异种或异属的一条或几条染色体而形成的植物新系统。

(83)原生质体融合(protoplast fusion):是指将植物不同种、属甚至科间的原生质体通过人工方法诱导融合,然后进行离体培养,使其再生杂种植株的技术。植物细胞具有细胞壁,未脱壁的两个细胞是很难融合的,植物细胞只有在脱去细胞壁成为原生质体后才能融合,所以植物的原生质体融合也称为细胞融合。

(84)致死基因(lethal gene):在杂合体中即可表现的致死基因称为显性致死基因,致死作用只有在纯合状态或半合子时才能表现,即致死作用具有隐性效应,而与基因自身的显、隐性无关,这类致死基因称为隐性致死基因。

(85)种间杂交(species hybridization):不同物种个体间的有性交配。种间杂交的杂种一代可能出现杂种优势,但鉴于长期的遗传变异、选择和隔离作用,种间有明显的形态、组织、生理、遗传组成和细胞结构上的差异,故常表现亲和力低,造成生殖隔离,难以获得成功。

(86)综合品种(synthetic variety):由多个符合育种目标的自交系经组配杂交和选择而成的综合群体。

第3章 甜菜高效育种技术

3.1 甜菜常规高效育种技术

3.1.1 利用多胚保持系改良单胚保持系

第一年:将单胚保持系母根与多胚保持系母根栽植在隔离圃,自然杂交授粉,开花后,拔掉多胚保持系父本,仅收获单胚保持系上的种子。当年采种后进行南繁,收获后进行窖藏春化。

第二年:将春化后的母根栽植,进行 F_1 自交。在开花初期,鉴定胚性,只选择多胚性状株,将单胚株拔除。种子收获后,进行南繁,当年收获后窖藏春化。

第三年:将上一年收获的母根与多胚保持系成对栽植,进行第一次回交,开花初期检查胚性,把多胚的种株全部拔掉。开花后,拔掉多胚保持系。种子收获后,进行南繁,当年收获后窖藏春化。

第四年:将上一年的母根自交,重复第二年。

第五年:重复第三年,进行第二次回交。

第六年:将收获的母根自交,在开花早期,拔除单胚植株,种子收获后南繁,母根窖藏春化。

第七年:将上一年收获的母根自交,拔除多胚植株。

第八年:继续自交,成系,选择。

图 3 - 1 为利用多胚保持系改良单胚保持系的过程。

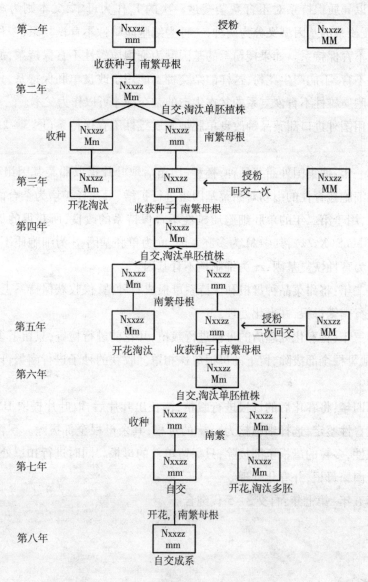

图 3-1　利用多胚保持系改良单胚保持系

3.1.2　利用国外进口甜菜品种改良现有单胚保持系

目前我国进口的国外丸粒化单胚甜菜品种均以细胞质雄性不育系为母本,

有的是以异质保持系对不育系杂交过一次的 F_1 作为母本,父本则为多胚授粉系,而授粉系的基因型又分为两种,一种为细胞质雄性不育恢复系,一种为细胞质雄性不育保持系。如果授粉系的基因型为细胞质雄性不育保持系,那么杂交种则为不育,不能产生花粉,这样的杂交种不能用于改良单胚保持系,只有基因型为细胞质雄性不育恢复系的父本生产的杂交种才可以作为父本。

利用国外进口甜菜品种改良单胚细胞质雄性不育保持系(图3-2)具体过程如下:

第一年:搜集国外甜菜品种,播种,出苗后取叶片提取甜菜基因组 DNA,判断甜菜细胞核育性的引物对甜菜基因组进行扩增,只选择扩增为杂合的品种收获母根,用于第二年的单胚细胞质雄性不育保持系的改良,所获得的母根基因型应为 MmS(XxZz),其中 M 为多胚基因,m 为单胚基因,S 为细胞质不育基因,X 和 Z 为育性恢复基因,zx 为细胞核不育基因。

第二年:将甜菜品种母根和保持系母根成对种植,仅收获保持系上的种子。同年进行南繁母根,并春化处理。

第三年:将春化处理后的母根进行栽植,开花前进行检查,只留下多胚的母根,其他母根全部拔除,留下的母根单株扣罩。收获的种子进行南繁母根,并春化处理。

第四年:将春化后的母根进行栽植,待长出叶片后,取叶片提取 DNA,进行细胞核育性鉴定,选择细胞核为 xxzz 的母根,其余母根全部拔除。现蕾后查看花的粒性,多粒的母根全部拔除,只保留单粒的母根。同时进行扣罩处理,采种后进行南繁母根,并春化处理。

第五年~第七年:自交3~5代纯合。

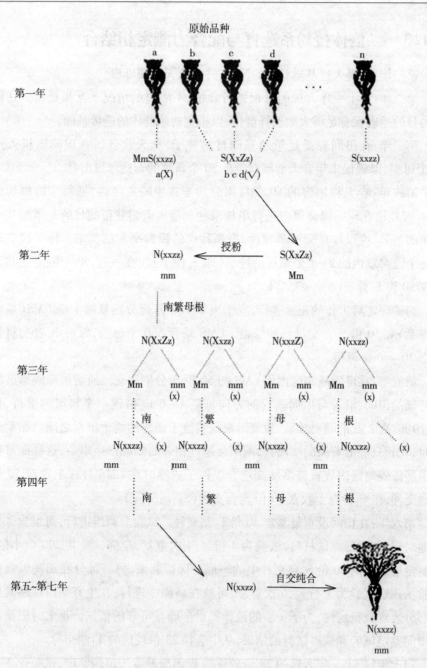

图 3-2　利用国外进口品种进行单胚保持系的改良

3.1.3 二倍体授粉系选育与配合力测定相结合

第一年:夏播入选基础材料的种子,并在秋天收获母根。

第二年:将上一年入选的母根进行栽植,不隔离的情况下互相授粉。这样做的目的是确保有足够大的选择群体,以拓宽初始群体的遗传基础。

第三年:在田间春播足量的基础材料种子,秋天收获时在田间随机入选80个母根,以确保来年春天能够有至少50个新鲜的春播母根出窖。

第四年:春天将出窖的50个母根分栽于集中隔离区内,把每个母根切成2~4瓣栽植在同一隔离罩内进行单株采种。母根破瓣栽植的目的是增加其个体间的差异,克服其自交不亲和性,提高种株的授粉率和结实率。种子成熟时将每个隔离罩内的2~4个单株的种子(即 S_1 种子)收在一起,50个隔离罩共可收获50份 S_1 种子(S_{1-1}~S_{1-50})。

为确保之后工作的正常进行,应于当年7、8月间分别夏播1份 CMS(雄性不育系)和50份 S_1 自交材料的母根。CMS 培育500个母根,每份 S_1 自交材料培育30~40个母根。

第五年:在屏障隔离区内用 CMS 与50份 S_1 分别测交。所谓屏障隔离区即在开阔的田间,沿着与风向垂直的方向每隔4~6 m 搭建一个与风向平行、长6~10 m、高2 m 的隔离帷幕,甜菜母根则栽植于相邻的两个帷幕之间。甜菜开花时,花粉只能沿着风向吹出去,而不会越过相邻的帷幕产生串杂,这样即可在一个屏障隔离区内放置许多测交组合。种子成熟时在 CMS 种株上收获50份 F_1 测交种,在 S_1 种株上收获50份 S_2 自交种(S_{2-1}~S_{2-50})。

第六年:在田间设重复鉴定50份 F_1 测交种。试验分两组进行,每组含2个当地对照和23份参试材料,试验为4行区,4次重复,全部试验共200个小区。将鉴定后剩余的50份 S_2 自交种中的一部分保留起来,另一部分在田间做观察试验。观察试验为1行区,6次重复,可放在病圃中进行,在生育期内观察其地上部分表现及抗病性,为下一步的选择提供准确且可靠的依据。年末时根据以上田间鉴定试验和观察试验的结果,从中选择23份较优的 F_1 测交种。

第七年:将上一年入选的23份较优的 F_1 测交种参加田间鉴定,试验含2个当地对照和23份参试材料,4行区,4次重复,共100个试验小区,年末时从中选择6份较优的 F_1 测交种。

当年夏播这 50 份 S_2 自交材料母根,每份 S_2 培育 70 个母根;同时夏播 3 个 CMS(CMS_1、CMS_2、CMS_3)母根,每个 CMS 分别培育 400 个母根。

第八年:在 6 个空间隔离区内用 CMS_1、CMS_2 和 CMS_3 分别与上年入选的 6 份较优的 F_1 测交种所对应的父本 S_2 进行测交。收获时在 CMS 种株上收获 18 份 F_1 测交种,在 S_2 种株上收获 6 份 S_3 自交种。

第九年:在田间鉴定上一年收获的 18 份 F_1 测交种,试验设 2 个当地对照,4 行区,4 次重复,从中决选最优的 F_1 测交种。至此为止,入选的 F_1 测交种即为所要选育的甜菜新品种,其父本即为所要选育的二倍体授粉系。当年夏播培育入选的 6 份 S_2 自交材料的母根,以备来年扩繁原种。

第十年:将入选最优的 F_1 测交种参加区域试验,同时扩繁其父本 S_2 代原种,为下一步的商业制种做好准备。

3.1.4　利用国外抗性资源改良国内多胚授粉系

利用国外抗性资源改良国内多胚授粉系过程如表 3-1 所示。

表 3-1　利用国外抗性资源改良国内多胚授粉系

年	方法	摘要
0	选择群体 A	A 是一个高产的群体(或者具有任何其他有益的性状),B 是 Holly 材料,具有丛根病抗性 RZRZ
1	F_1: A × B	使用下胚轴颜色作为标记,收获绿色胚轴颜色的植株
2	BC_1: A × F_1	使用下胚轴标记,在开花期前,清除丛根病敏感植株,利用生物测定或标记技术
3	BC_2: A × BC_1	—
4	$BC_2 → BC_2 \cdot F_1$	增加 BC_2,称这个群体为 $BC_2 \cdot F_1$,移走丛根病敏感的植株,$BC_2 \cdot F_1$ 的基因型将是 RzRz + RZrz
5	随机选取 100 个单株	—
6	100 个单株自交	每个单株均要隔离采种
7	100 个单株自交后代种植,进行丛根病鉴定	在丛根病地鉴定 RZRZ 基因或者利用分子标记技术

续表

年	方法	摘要
8	CMS $*$ (50)SP.S_1/S_2	测交,收获 S_2 种子,最好 CMS 也具有丛根病的抗性
9	申请正式登记 收获:CMS $*$ 单株 S_2/S_3	大型苗床
10	第二年正式注册	商业种植生产
11	商用制种	

3.1.5 利用一年生甜菜快速选育甜菜保持系技术

以多胚一年生基因型不育系(BBMM,Sxxzz,其中 B 基因为当年抽薹基因,M 为多胚基因)为鉴定系,鉴定选育二年生单胚或多胚基因型保持系(bbmm,Nxxzz 或 bbMM,Nxxzz),利用该方法进行选择仅需 13 ~ 16 个月,较我国传统方法缩短 4 ~ 6 年,利用一年生甜菜快速选育甜菜保持系技术的过程如图3 - 3所示。

具体步骤如下:

(1)利用纸筒育苗技术在温室内育苗,当幼苗长到3 ~ 4 片叶时,将其移植到直径30 ~ 40 cm,深30 cm的塑料盆内,每盆3 ~ 4 株。当幼苗长到4 ~ 6 对真叶时,将其从温室移到春化处理室,进行春化处理。

(2)在被鉴定品系的春化处理时间约 100 d 时,利用纸筒育苗技术播种鉴定品系。当鉴定品系的幼苗长到 30 ~ 35 d 时,将其移植到直径 30 ~ 40 cm,深30 cm 的塑料盆内,每盆3 ~ 4 株,然后移入有补充照明的温室内,诱导开花。由于被鉴定品系的耐抽薹性不同,鉴定品系的种子分两期播种,以便使之花期相遇。

(3)当 1 级侧枝大部分已现蕾,主枝上半部花蕾即将开放之前,剪掉托叶,用70% 乙醇对全株进行喷洒,杀死浮着在植株茎叶上的花粉。然后套袋,记载单株顺序号和日期。被鉴定系套杂交袋、记载株号的同时,记载胚性性状。在鉴定系植株有 50 朵以上花朵开花时,与被鉴定系单株成对杂交。在套袋开花后,均应在每天的上下午用小棒敲打杂交纸袋一次,以便充分杂交,获得足够的 F_1 种子。

（4）将收获的 F_1 种子播种在深 10 cm，长、宽各 45 cm 的塑料盘内，播种40～50 穴。当 F_1 种子生长 2 个月后，每株有 10 朵以上的花开放后，开始进行育性调查。

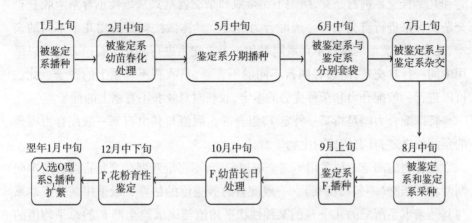

图 3 – 3　利用一年生甜菜快速选育甜菜保持系技术的过程

3.1.6　甜菜自交系配合力的测定

配合力指一个亲本（纯系、自交系或品种）材料在由它所产生的杂种一代或后代的产量或其他性状表现中所起作用相对大小的度量，又称结合力、组合力。亲本的配合力并不是指其本身的表现，而是指与其他亲本结合后它在杂种世代中体现的相对作用。在杂种优势利用中，配合力常以杂种一代的产量表现作为度量的依据；在杂交育种中，配合力则体现在杂种的各个世代，尤其是后期世代。

配合力又分为一般配合力和特殊配合力。一般配合力是指某一亲本品种与其他若干品种杂交后，杂种后代在某个性状上的平均值。以一般配合力好的品种作为亲本，往往会得到好的后代，容易选出好的品种。一般配合力的好坏与品种本身性状的好坏有一定关系，即一个优良品种常常是好的亲本（配合力好），但也并非所有品种都是好的亲本或好的亲本必定是优良品种，有时本身表现并不突出的品种却是好的亲本，能育出优良品种，即这个亲本品种的配合力好。所以,一个品种具有优良性状和具有好的配合力虽有联系,但并不是一回事,配合力的好坏要杂交以后才能知晓。因此,选配亲本时,除注意品种本身的优缺点外,还要通过杂交实践积累,以便选出配合力好的品种作为亲本。甜菜配合力的测定主要采用不完全双列杂交法,这种方法是利用几个雄性不育系同时和几个自交系进行杂交,所谓不完全双列杂交就是只从雄性不育系上收获正交杂交种来进行自交系的一般配合力鉴定。具体做法就是选用几个不同的亲本、几个不同类型的雄性不育系同时和一个自交系进行测交。栽植方法可以采用中间一行自交系,两边各两行不同的不育系,只收获不育系上的种子。此法可以进行一般配合力和杂种优势的鉴定,收获时只收获不育系上的种子。

特殊配合力则是指某一特定 F_1 组合的实测值与其由双亲一般配合力得到的预测值之差,具有明确的生物学意义。

配合力的测定一般采用不完全双列杂交,不完全双列杂交是指两套亲本间两两相互杂交(不包括反交)。一般配合力效应值的估算一般采用某一亲本系与其他亲本系所配的几个 F_1 的某种性状平均值与该试验全部 F_1 的总平均值的差值,比如亲本 i,则一般配合力的效应值为 g_i,$g_i = \bar{x_i} - \bar{x}$,其中 $\bar{x_i}$ 为 i 亲本与其他亲本系所配制的几个 F_1 的某种性状平均值,$\bar{x}$ 为该试验全部 F_1 的总平均值。

特殊配合力可表示为:$s_{ij} = x_{ij} - \bar{x} - g_i - g_j$,其中 s_{ij} 为第 i 亲本与第 j 亲本的杂交组合某性状的特殊配合力,x_{ij} 为第 i 亲本与第 j 亲本的杂交组合某性状的小区平均实测值,$\bar{x}$ 为该试验各组合某性状的小区总平均值,g_i 和 g_j 为第 $i(j)$ 个亲本的一般配合力。

3.1.7　甜菜高产糖量品种的选育方法

培育甜菜至叶丛繁茂期,测量甜菜的株高 H,同时测量甜菜植株最长叶片自然生长弯曲的最高点与该株最长叶片的叶柄基部的垂直距离 h,计算 $a = [\arcsin(h/H)/\pi] \times 180°$,$a \geq 70°$ 且 h 大于甜菜品种及品系平均值的留为第二年生采种母根,$a < 70°$ 的淘汰,对所选择出的甜菜品种进行培育,即完成了甜菜高产糖量品种的选育。研究结果表明,钾含量与钠含量、$\alpha - N$ 含量及块根产量关联性较强,钠含量与钾含量、株高/叶柄长、含糖率关联性较强,$\alpha - N$ 含量与

发芽率、含糖率及植株生长势关联性较强,说明钾含量与钠含量有较强的交互作用,如果从相关性分析,不论呈显著正相关或者是显著负相关,它们之间的关联性还是较强的。从栽培方面考虑,甜菜工艺有害物质的含量与试验耕地及当年的营养元素施用配比有较强的关系。

3.2　生物育种

3.2.1　利用多胚恢复系改良单胚保持系的技术

　　步骤一。第一年,将甜菜单胚保持系与甜菜多胚恢复系春化后的母根种在一起,收获后的种子进行南繁得到母根,将母根贮藏在甜菜窖中进行春化。

　　步骤二。将步骤一中春化后的甜菜母根栽植在田间,抽薹后观察种子的粒性,只保留目标种子,剩余的植株进行单株扣罩,种子收获后进行南繁,南繁得到的母根贮藏在甜菜窖中进行春化。

　　步骤三。将步骤二中春化后的母根栽植在布罩地中,待抽薹开花后观察种子的粒性,保留指定种子,保留的单胚植株进行扣罩,收获种子后进行保存。

　　步骤四。将所有单胚的种子按照 8～10 cm 单粒播种于田间,待幼苗长出两对真叶后,对幼苗进行编号取样。

　　步骤五。对甜菜进行 DNA 提取,并利用 S17 引物对甜菜基因组进行扩增。

　　步骤六。持续时间内,每年分别进行单株自交,然后每年利用 InDel 分子标记检测自交后代基因的纯合程度,直到后代等位基因纯合为止。

　　利用多胚恢复系改良单胚保持系的技术如图 3-4 所示。表 3-2 为用于鉴定甜菜自交系的引物名称及序列。

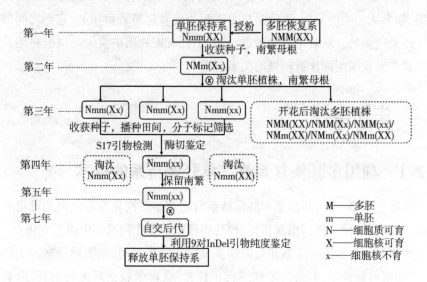

图 3-4　利用多胚恢复系改良单胚保持系的技术

表 3-2　用于鉴定甜菜自交系的引物名称及序列

引物名称	PCR 引物的核苷酸序列		限制性 内切酶	染色体 位置
S17	CAATCTGTGGTGCTGACC AAA	GATTAAAGAGGGCTGCTG AAGCCGAGA	*Hap* Ⅱ, *Hind* Ⅲ	
ND22	CACGGACGAGATCACACG	TGTTTGATGCCTTCATTTT CA	—	chr1
ND121	TTGGGGTATCAATTGGCG	TGTCAAAGCCATCGAAGC	—	chr2
ND228	CCCACCAATTTGATACCA- CAC	ATGTTGCCACATGGATGT TA	—	chr3
ND238	CGGGATTATTCCGTAA- CATCA	CGGTTTGCCCCTATTGTG	—	chr4
ND66	TGCTCCAAAATTGCATCA	CCCATTTGTTGTTCATCAT CT	—	chr5

续表

引物名称	PCR 引物的核苷酸序列		限制性 内切酶	染色体 位置
ND74	TCTGCCCTTCCACATTTCA	CTGATCAAAAAGATGCTC ACG	—	chr6
ND81	TGGAAGTTGGGTCGATGC	CCGGAAGGTCCAAAATGA	—	chr7
ND277	ATCATGGAGGCTCACCCA	GCTACCCTCGGATTGCAT	—	chr8
ND285	GGTGGCTTCTTTGGCACA	GCAATTTCGAGCAAAAAT CCT	—	chr9

3.2.2　利用分子标记技术鉴定甜菜细胞质和细胞核的育性

2000 年,Nishizawa 等人利用不同甜菜细胞质线粒体的小卫星序列的不同,通过对 4 条线粒体数目可变串联重复序列片段进行扩增,4 个可变串联重复序列引物分别为 TR1 (5′－ AGAACTTCGATAGGCGAGAGG － 3′和 5′－GCAATTTTCAGGGCATGAACC－ 3′)、TR2 (5′－ TTAATTGCGAGACCGGAGGC － 3′和 5′－ GAGCTTGCTCGCAGCTTATG － 3′)、TR3 (5′－ AGATCCAAACAGAGG-GACTG － 3′和 5′－ CGGATCACCCTATTCATTTG － 3′) 以及 TR4 (5′－ AAT-GAGACCCGATTCTCTTC － 3′和 5′－ GTTAAAAGCCCTTCTATGCC － 3′)。其中,保持系(O 型) 的 TR1 拷贝数为 13,扩增出的条带在 750 bp 左右,不育系(CMS 型)的 TR1 拷贝数为 4,扩增出的条带在 500 bp 左右;保持系的 TR2 拷贝数为 3,扩增出的条带在 400 bp 左右,不育系扩增出的条带也在 400 bp 左右;保持系的 TR3 拷贝数为 3,扩增出的条带在 500 bp 左右,不育系的 TR3 拷贝数为 2,扩增出的条带在 400 bp 左右;保持系的 TR4 拷贝数为 3,扩增出的条带在 300 bp 左右,不育系的 TR4 拷贝数为 4,扩增出的条带在 400 bp 左右。

2012 年,Matsuhira 等人发现了 1 个含有糖甜菜 Rf1 染色体区域的核苷酸序列,以及 1 个介于 Rf1 和 PPR 型 Rf 位点之间的相似性组织,拷贝数在 Rf1 和 rf1 之间,表明植物 Rf 有共同的进化机制。他们对甜菜 Rf1 基因的分子进行克隆,揭示了 1 个含有金属蛋白酶类基因的基因簇。BAC 克隆覆盖的 Rf1 区域的测序结果表明,开放阅读框 bv ORF20 表现出 Rf1 恢复等位基因,bv ORF20L 表现出 rf1 非恢复等位基因。

Taguchi 等人通过限制的多态性区域改善了之前开发的两个 Rf1 标志物 (17 – 20L,bv ORF20L),确定 bv ORF17 – 上游区(大约 1.8 kbp)为多态性区域,是 PCR 扩增引物 T1 和 T2 中的目标区域。对于酶切扩增多态性序列 (CAPS)的检测,其差异可以通过 PCR 产物的琼脂糖凝胶电泳消化 *Hap* II 和 *Hind* III 后进行观察。

刘一珺等人利用 T1 和 T2 引物(表 3 – 3)对甜菜基因组进行扩增,产生了 3 种类型的核基因,电泳时具有 1800 bp、1400 bp 等 3 种条带,命名为 'a' 型、'b' 型和 'c' 型,其中 'a' 型具有与 O 型细胞质相同的条带大小,为 1800 bp 左右,因此推测 'a' 型为双隐性核基因。表 3 – 4 为甜菜细胞核基因型检验的酶切体系。

表 3 – 3　用于甜菜细胞核育性鉴定的引物 T1 和 T2

引物名称	引物序列
T1	5′ – CAATCTGTGGTGCTGACCAA – 3′
T2	5′GATTAAAGAGGGCTGCTGAAGCCGAGA – 3′

表 3 – 4　甜菜细胞核基因型检验的酶切体系

成分	用量
DNA 模板	5 μL
10 × Buffer tango	1 μL
Hap II	0.25 μL
Hind III	0.25 μL
dd H$_2$O	2.5 μL
BSA	1 μL
体系	10 μL

3.2.3　甜菜组培快繁技术

3.2.3.1　培养基

（1）琼脂粉培养基

用于甜菜种球的萌发。

成分（1 L）为：琼脂粉 7.5 g。

（2）诱导分化培养基

用于甜菜无菌苗诱导分化培养。

成分（1 L）为：MS 培养基 4.74 g、蔗糖 30 g、萘乙酸（NAA）0.7 mg、激动素（KT）1.2 mg、琼脂粉 7.5 g。

（3）继代培养基

用于甜菜无菌苗的继代培养。

成分（1 L）为：MS 培养基 4.74 g、蔗糖 30 g、NAA 0.5 mg、KT 0.4 mg、琼脂粉 7.5 g。

（4）生根培养基

用于甜菜无菌苗的生根培养。

成分（1 L）为：MS 培养基 4.74 g、蔗糖 30 g、NAA 1.2 mg、琼脂粉 7.5 g。

3.2.3.2　外植体的获取

（1）种球的获取

选取健康、籽粒饱满、外观完好的甜菜种球。

（2）腋芽的获取

在甜菜生殖生长期，选择生长健壮、无损伤、无病虫害的甜菜植株，剪取幼嫩主枝或侧枝。

（3）化序的获取

在甜菜生殖生长期，选择生长健壮、无损伤、无病虫害的甜菜植株，剪取现蕾花序的末端约 20 cm。

3.2.3.3 灭菌与萌发

(1)灭菌前准备

制备无菌水,75%乙醇,0.1%氯化汞,80%次氯酸钠。

(2)种球消毒

首先将甜菜种球磨光,用百菌清(烟剂型)密闭熏蒸 24 h 后,在超净工作台中移至灭过菌的三角瓶中。随后用 75% 乙醇消毒 2 min,无菌水漂洗 3 次。接着用 0.1% 氯化汞处理 20 min,无菌水漂洗 3 次。最后将消毒后的种子接种于琼脂粉培养基上,每个三角瓶(100 mL)25 粒。

(3)腋芽消毒

将取回的主枝或侧枝剪成保留 1~2 个腋芽的小段,装入烧杯放在自来水下冲洗 1 h,冲洗后在超净工作台中用 75% 乙醇消毒 1 min,无菌水漂洗 3 次。接着用 80% 次氯酸钠消毒 12 min,无菌水漂洗 3 次,洗完后按照形态学上端向上接种到继代培养基中,每个三角瓶(100 mL)6 个小段。

(4)花序消毒

将室外取回的花序放入烧杯中,放到自来水下冲洗花序 1 h,冲洗后将花序切成 1.5 cm 左右的小段。在超净工作台中首先将花序小段用 75% 乙醇消毒 1 min,无菌水漂洗 3 次。接着用 80% 次氯酸钠消毒 2~3 min,无菌水漂洗 3 次,洗完后按照形态学上端向上接种到继代培养基中,每个三角瓶(100 mL)6 个小段。

3.2.3.4 无菌苗获取

(1)种球成苗

将种球置于组培室中在 23 ℃条件下进行培养,7~10 d 即可萌发。待芽长 2.0~2.5 cm 时,带子叶一起切下,接种到新的继代培养基中。

培养环境:温度 23 ℃,光照强度 3000 lx,光照时间 14 h。培养 20~25 d 成苗。

(2)腋芽成苗

在组培室内培养。

培养环境:温度 23 ℃,光照强度 3000 lx,光照时间14 h。腋芽培养20~25 d

即可长出新芽,切下新芽接种到新的继代培养基上,约 20 d 可得到健壮无菌苗。

(3)花序成苗

在组培室内培养。

培养环境:温度 23 ℃,光照强度 3000 lx,光照时间 13 h。花序培养 30 ~ 40 d 即可长出新芽,切下新芽接种到新的继代培养基上,约 20 d 可得到健壮无菌苗。

3.2.3.5　甜菜组培扩繁

(1)诱导分化培养

在超净工作台中选取健壮无菌苗,接种到分化培养基中进行分化诱导培养。

培养环境:温度 23 ℃,光照强度 3000 lx,光照时间 14 h。

(2)继代培养

当诱导的丛生芽长到 1 ~ 2 cm 时,在超净工作台中将丛生芽分切为单苗,接种到继代培养基中进行继代培养。

培养环境:温度 23 ℃,光照强度 3000 lx,光照时间 14 h。

(3)生根培养

将生长健壮的丛生芽分切成 1 ~ 2 cm 的单芽,接种到生根培养基中。

培养环境:温度 23 ℃,光照强度 3000 lx,光照时间 14 h。20 ~ 30 d 即可诱导出新生根。

3.2.3.6　移栽

(1)炼苗

去掉封口膜,在组培室锻炼 2 ~ 3 d。

(2)室内移栽

选择根系生长健壮的组培苗从三角瓶中移出,用自来水浸泡根部 12 h,洗净根部残留的培养基,移栽到花盆中(育苗土由蛭石和田园土构成,二者比例为 1∶1)并遮阳,定期浇水,室内培养 7 ~ 14 d。

(3)大田移栽

待盆栽幼苗生长至 4 ~ 6 片真叶,平均气温稳定在 10 ℃以上时,选择早上或者傍晚移入大田。

3.2.4 甜菜单倍体育种

单倍体育种法就是通过植物的花药或者未授粉胚珠的离体培养,诱导花粉粒或者未受精雌核发育成完整的单倍体植株,并通过染色体加倍获得纯系,还可以克服杂种后代的分离,缩短育种周期。如果用辐射或诱变处理单倍体植株,当代就表现出性状变异,好的单倍体突变植株一经选出,即可加倍处理使之变成纯系。

3.2.4.1 从甜菜花药培养单倍体植株

花药培养基通常采用 MS 培养基,也可用 H、T、Blaydes、White、Nitsch 培养基,培养基配制法及成分见表 3 - 5 到表 3 - 10。将配制好的培养基分装到试管或三角瓶中,热压灭菌 20 min。在进行花药接种之前,预先用醋酸洋红或地衣红以压片镜检法确定花粉的发育时期,一般选用的花粉为四分体 - 单核靠边期的花蕾。将适合的花枝去掉托叶,在 70% 乙醇中浸一下,再放入含有 10% 漂白粉的上清液中消毒 10 min,然后换无菌水洗 2~3 次。在无菌条件下从花蕾中取出花药种植到培养基上。培养基在 18~25 ℃下培养,培养的最初几天花药保持绿色,以后逐渐变成黄色至褐色。培养两个星期左右花药裂开,从中长出许多淡黄色球状愈伤组织,此时给予适当的光照,见光后由淡黄色逐渐变绿,经镜检确定,将愈伤组织是单倍体的在无菌条件下转移到含有吲哚乙酸(或萘乙酸) 0.5~2.0 mg/L、动力精 1~2.0 mg/L 的 MS 培养基上,很快长出幼苗。染色体镜检表明,这些幼苗是单倍体。

3.2.4.2 单倍体植株的染色体加倍

几种基本培养基成分如下表所示。

表 3-5　改良 Nitsch 培养基

化合物	浓度/(mg·L⁻¹)	微量元素	
$Ca(NO_3)_2 \cdot 4H_2O$	500.00	H_2SO_4	0.50 mL
KNO_3	125.00	$MnSO_4 \cdot 4H_2O$	3000.00 mg
$MgSO_4 \cdot 7H_2O$	125.00	$ZnSO_4 \cdot 7H_2O$	500.00 mg
KH_2PO_4	125.00	H_3BO_3	500.00 mg
柠檬酸铁	10.00	$CuSO_4 \cdot 5H_2O$	25.00 mg
盐酸硫胺素	0.25	$Na_2MoO_4 \cdot 2H_2O$	25.00 mg
盐酸吡哆素	0.25		
甘氨酸	7.50	上述盐类溶于 1 L 水中,每 1000 mL	
烟酸	1.25	培养基加入此液 1 mL	
蔗糖	50000.00		
琼脂	8000.00		

pH = 6.0。

表 3-6　MS 培养基(Murashige 和 Skoog)

化合物	浓度/(mg·L⁻¹)
$CaCl_2 \cdot 2H_2O$	440.000
KNO_3	1900.000
$MgSO_4 \cdot 7H_2O$	370.000
NH_4NO_3	1650.000
KH_2PO_4	170.000
$MnSO_4 \cdot 4H_2O$	22.300
KI	0.830
$Na_2MoO_4 \cdot 2H_2O$	0.250
H_3BO_3	6.200
$ZnSO_4 \cdot 7H_2O$	8.600
$CuSO_4 \cdot 5H_2O$	0.025
$CoCl_2 \cdot 6H_2O$	0.025
甘氨酸	2.000

续表

化合物	浓度/(mg · L^{-1})
盐酸硫胺素	0.400
盐酸吡哆素	0.500
烟酸	0.500
肌-肌醇	100.000
蔗糖	30000.000
琼脂	10000.000

铁盐:7.45 g Na$_2$-EDTA(乙二胺四乙酸二钠)和5.57 g FeSO$_4$ · 7H$_2$O溶于1 L H$_2$O,1 L 培养基取此液5 mL。

pH = 5.8。

表 3-7 Blaydes 培养基

化合物	浓度/(mg · L^{-1})
KNO$_3$	1000.0
NH$_4$NO$_3$	1000.0
Ca(NO$_3$)$_2$ · 4H$_2$O	347.0
KH$_2$PO$_4$	300.0
KCl	65.0
MgSO$_4$ · 7H$_2$O	35.0
Na-Fe-EDTA	32.0
MnSO$_4$ · 4H$_2$O	4.4
ZnSO$_4$ · 7H$_2$O	1.5
H$_3$BO$_3$	1.6
KI	0.8
甘氨酸	2.0
盐酸硫胺素	0.1
盐酸吡哆素	0.1
烟酸	0.5

续表

化合物	浓度/(mg·L⁻¹)
蔗糖	30000.0
琼脂	10000.0

pH=6.0。

表 3-8　改良 White 培养基

化合物	浓度/(mg·L⁻¹)
KNO_3	80.000
$Ca(NO_3)_2 \cdot 4H_2O$	300.000
$MgSO_4 \cdot 7H_2O$	720.000
Na_2SO_4	200.000
KCl	65.000
$NaH_2PO_4 \cdot H_2O$	16.500
$Fe_2(SO_4)_3$	2.500
$MnSO_4 \cdot 4H_2O$	7.000
$ZnSO_4 \cdot 7H_2O$	3.000
H_3BO_3	1.500
$CuSO_4 \cdot 5H_2O$	0.001
MoO_3	0.001
甘氨酸	3.000
盐酸硫胺素	0.100
盐酸吡哆素	0.100
烟酸	0.300
肌-肌醇	100.000
蔗糖	20000.000
琼脂	10000.000

pH=5.6。

表 3-9 H 培养基

化合物	浓度/$(mg \cdot L^{-1})$
KNO_3	950.000
NH_4NO_3	720.000
$MgSO_4 \cdot 7H_2O$	185.000
KH_2PO_4	68.000
$CaCl_2 \cdot 2H_2O$	166.000
$MnSO_4 \cdot 4H_2O$	25.000
$ZnSO_4 \cdot 7H_2O$	10.000
H_3BO_3	10.000
$Na_2MoO_4 \cdot 2H_2O$	0.250
$CaSO_4 \cdot 5H_2O$	0.025
肌-肌醇	100.000
烟酸	5.000
甘氨酸	2.000
盐酸硫胺素	0.500
盐酸吡哆素	0.500
叶酸	0.500
生物素	0.050
蔗糖	20000.000
琼脂	8000.000

铁盐:7.45 g Na_2-EDTA(乙二胺四乙酸二钠)和 5.57 g $FeSO_4 \cdot 7H_2O$ 溶于 1 L H_2O,1 L 培养基取此液 5 mL。

pH=5.5。

表 3 - 10　T 培养基

化合物	浓度/$(mg \cdot L^{-1})$
KNO_3	1900.000
NH_4NO_3	1650.000
$CaCl_2 \cdot 2H_2O$	440.000
$MgSO_4 \cdot 7H_2O$	370.000
KH_2PO_4	170.000
$ZnSO_4$	10.000
$MnSO_4 \cdot 4H_2O$	25.000
H_3BO_3	10.000
$Na_2MoO_4 \cdot 2H_2O$	0.250
$CuSO_4 \cdot 5H_2O$	0.025
蔗糖	10000.000
琼脂	8000.000

铁盐:7.45 g Na_2 – EDTA(乙二胺四乙酸二钠)和 5.57 g $FeSO_4 \cdot 7H_2O$ 溶于 1 L H_2O,1 L 培养基取此液 5 mL。

pH = 6.0。

为了获得能育的纯合二倍体植株,必须对单倍体植株进行染色体加倍处理,其方法如下。

(1)用 0.1%~0.4% 的秋水仙碱浸泡幼苗。

(2)利用单倍体愈伤组织自然加倍现象。单倍体愈伤组织在含有细胞分裂素类(动力精是其中一种)的培养基上常常发生核内有丝分裂,结果使部分细胞染色体加倍,进一步分化出纯合二倍体植株。

3.2.4.3　甜菜花粉植株的幼苗管理

二倍体植株长出五六片真叶并形成发达的根系时,将根系上的培养基洗净移到花盆里,盖上覆盖物(如塑料薄膜或烧杯等),待植株恢复正常生长时揭去覆盖物进行一般田间管理即可。

3.2.4.4 甜菜花粉植株当代选择和后代表现

(1)杂种一代花粉育成的花粉植株是能够出现性状重组的新类型,其分离范围和杂种二代一样也是相当广泛的,因此亲本组合的选配和当代植株的选择是非常重要的。

(2)花粉植株二代是纯合二倍体,其农艺性状都表现为基本整齐一致。

(3)花粉植株后代遗传性状相对稳定,即一旦形成纯合二倍体以后,其后代没有明显的分离现象,各种性状的遗传性和定型品种一样都是相对稳定的。

3.2.4.5 培养基的配制方法

(1)培养基的配制

配制培养基时,为避免某些成分不溶解或不完全溶解,需要先配成溶解状态的母液备用。一般将培养基各成分分成 "大量元素无机盐"、"微量元素无机盐"、"铁盐"、"有机生长物质"(主要是维生素)、蔗糖、琼脂、水以及其他物质(生长素、激动素、水解蛋白……)等几个部分,除蔗糖外,都配成比培养基中浓度高 10 倍或 100 倍的母液。应用时将母液按要求取一定量混在一起,配制成所需要的培养基。现以 MS 培养基为例,配制方法如下。

①大量元素无机盐母液

此母液包括硝酸铵、硝酸钾、氯化钙、磷酸二氢钾、硫酸镁等,这几种盐在母液中的浓度比在培养基的最后浓度高 10 倍。例如,NH_4NO_3 在培养基中的含量为 1.65 g,现在要配 1 L 母液,则应称量 1.65 g×10 即 16.5 g NH_4NO_3,以此类推(表 3-11)。

表 3-11 大量元素无机盐母液的配制用量

化合物	用量
KNO_3	19.0 g
$CaCl_2 \cdot 2H_2O$	4.4 g
KH_2PO_4	1.7 g
$MgSO_4$	3.7 g
重蒸馏水	900 mL

将一种盐加入水中完全溶解后,再加入第二种盐,待加入盐完全溶解后再加入重蒸馏水至 1000 mL。将此母液置暗处保存 10 ~ 30 d。如发现混浊时,则不能使用。

②微量元素无机盐母液

此母液包括几种含量极微的无机盐,它们一般配成高于培养基浓度 100 倍的母液。例如,配成 500 mL 微量元素无机盐母液时,配制方法见表 3 - 12。完全溶解后加水至 500 mL。此母液配好后可置暗处保存 1 ~ 2 个月。

表 3 - 12   500 mL 微量元素无机盐母液的配制用量

化合物	用量
$MnSO_4 \cdot 4H_2O$	1115.00 mg(22.300 mg × 50)
$ZnSO_4 \cdot 7H_2O$	430.00 mg(8.600 mg × 50)
H_3BO_3	310.00 mg(6.200 mg × 50)
KI	41.50 mg(0.830 mg × 50)
$CuSO_4 \cdot 5H_2O$	1.25 mg(0.025 mg × 50)
$Na_2MoO_4 \cdot 2H_2O$	12.50 mg(0.250 mg × 50)
$CoCl_2 \cdot 2H_2O$	1.25 mg(0.025 mg × 50)
重蒸馏水	450.00 mL

③铁盐母液

铁盐在培养基中的量较少,也可算是一种微量元素,但如与其他盐类配成母液常常很快就发生沉淀,所以一般单独配成 100 倍或 200 倍浓度的母液。现在培养基配方多用 Fe - EDTA 或柠檬酸铁,这些铁盐是较为稳定的配合物。例如,配制 500 mL 100 倍浓度的 Fe - EDTA 母液时,需称取 $FeSO_4 \cdot 7H_2O$ 1.39 g,Na_2 - EDTA $\cdot 2H_2O$ 1.87 g,溶于 500 mL 重蒸馏水中,并在水浴中加热。此母液可在冰箱中保存 1 个月左右。

④有机生长物质母液

一般配成 100 倍浓度的母液,如配 200 mL 母液时,配制方法见表 3 - 13。溶于 200 mL 重蒸馏水,配好后可置冰箱保存 1 ~ 2 周。

表 3 – 13　有机生长物质母液的配制用量

化合物	用量
甘氨酸	40 mg(2.0 mg×20)
盐酸硫胺素	8 mg(0.4 mg×20)
烟酸	10 mg(0.5 mg×20)
盐酸吡哆素	10 mg(0.5 mg×20)
肌醇	2000 mg(100 mg×20)

⑤蔗糖

不必配成母液,可以将固体状态直接加入。

⑥琼脂

琼脂本身无营养价值,在培养基中仅起固化作用。在配制培养基时,可先将琼脂用水煮化,必须现煮现用,有的可以直接以固体加入培养基,与培养基其他成分一起煮化后分装培养器。纯度较差的琼脂可以先用蒸馏水泡洗过滤,烘干备用。

⑦其他物质

其他物质包括生长素、激动素、水解蛋白、水解核酸、酵母膏、椰子乳等,各种生长素和激动素常配成 0.1 mg/mL 左右的母液,置冰箱贮存。水解蛋白、水解核酸、酵母膏常配成 5~20 mg/mL 的母液,一般现配现用,亦可在 0 ℃ 以下冰箱中贮存数天。椰子乳浓度以百分数表示,现取现用,亦可在取出后置 0 ℃ 以下冰箱贮存数天或灭菌后贮存较长时间。2,4 – D、NAA(萘乙酸)在 0.1 mg/mL 左右的浓度时可在沸水浴中加热溶解。IAA(吲哚乙酸)每 10 mg 先加 1~2 mL 95% 乙醇溶解。配培养基的水最好用重蒸馏水。培养基中的蔗糖和无机盐最好用二级试剂(分析纯),微量元素无机盐可用三级试剂(化学纯),有机药剂要求纯度较高。

(2)培养基的最后配制

假设我们要配 600 mL MS 培养基,并补加 2,4 – D 2 mg/L,水解蛋白 500 mg/L,同时把蔗糖的浓度提高到 6%,那么应取的量见表 3 – 14。

表 3 – 14 最终配制培养基各种化合物的用量

化合物	用量
大量元素无机盐母液	60 mL
微量元素无机盐母液	6 mL
铁盐母液	6 mL
有机生长物质母液	6 mL
蔗糖	30 g
2,4 – D	12 mL
水解蛋白	30 mL

2,4 – D 母液的计算。每 1000 mL 培养基需 2,4 – D 2 mg,600 mL 培养基需 $2 \times 600/1000$ mg,需加母液 $1.2 \div 0.1 = 12$ mL。水解蛋白加入量的计算同理。

琼脂纯度很高可以直接加入不算体积,此时补充加水量为 480 mL,整个培养基的体积为 600 mL。

培养基在加琼脂以前宜用 KOH 或 HCl 调节 pH 值为 7.0 左右。pH 值太低时,往往琼脂凝固不好,如培养基中含太多有机物,而高压灭菌温度又太高时间太长时也常造成培养基 pH 值大幅度降低,从而使琼脂不能凝固或不能很好凝固。

培养基配好后,趁琼脂没有凝固迅速装入培养器(试管或三角瓶)盖上棉塞,并尽早灭菌。

3.2.5 农杆菌介导甜菜遗传转化技术规程

3.2.5.1 培养基

(1)琼脂粉培养基

用于甜菜种球的萌发。

成分(1 L)为:琼脂粉 7.5 g,pH = 5.8。

(2)诱导分化培养基

用于甜菜无菌苗诱导分化培养和甜菜叶片 – 叶柄的预培养。

成分(1 L)为:MS 培养基 4.74 g,蔗糖 30 g,NAA 0.7 mg,KT 1.2 mg,琼脂

粉 7 g,pH=5.8。

（3）生根培养基

用于甜菜无菌苗的生根培养。

成分（1 L）为：MS 培养基 4.74 g,蔗糖 30 g,NAA 1.2 mg,琼脂粉 7.5 g,草甘膦 0.08 μmol/L,pH=5.8。

（4）YEP 培养基

用于工程农杆菌的增殖培养。

成分（1 L）为：牛肉浸膏 5 g,酵母提取物 10 g,氯化钠 5 g,琼脂粉 15 g,利福平（rif）50 mg,卡娜霉素（kan）50 mg,pH=7.0。

（5）浸染液培养基

用于加入农杆菌菌液配制浸染液。

成分（1 L）为：MS 培养基 4.74 g,蔗糖 30 g,NAA 0.7 mg,KT 1.2 mg,乙酰丁香酮（AS）150 μmol/L,pH=6.8。

（6）共培养培养基

用于浸染后甜菜叶片 – 叶柄与农杆菌的共培养。

成分（1 L）为：MS 培养基 4.74 g,蔗糖 30 g,琼脂粉 7.5 g,AS 150 μmol/L,NAA 0.7 mg,KT 1.2 mg,pH=5.8。

（7）脱菌培养基

用于共培养后的脱菌。

成分（1 L）为：MS 培养基 4.74 g,蔗糖 30 g,琼脂粉 7.5 g,头孢霉素（cef）500 mg,kan 50 mg,pH=5.8。

（8）筛选培养基

用于甜菜转化后的筛选培养。

成分（1 L）为：MS 培养基 4.74 g,蔗糖 30 g,琼脂粉 7.5 g,草甘膦 0.08 μmol/L,pH=5.8。

3.2.5.2　灭菌

（1）灭菌前准备

制备无菌水,75%乙醇,0.1%氧化汞,无菌水。

(2)种球灭菌

首先将甜菜种球磨光,用百菌清(烟剂型)密闭熏蒸 24 h 后,在超净工作台中移至灭过菌的三角瓶中。随后用 75% 乙醇消毒 2 min,无菌水漂洗 3 次。接着用 0.1% 氯化汞处理 20 min,无菌水漂洗 3 次。最后将消毒后的种子接种到琼脂粉培养基上,每个三角瓶(100 mL)25 粒。

3.2.5.3 无菌苗培养

(1)种球萌发

将接种后的培养瓶置于组培室,23 ℃ 条件下进行培养,7~10 d 即可萌发。待芽长 2.0~2.5 cm 左右时,带子叶一起切下,接种到新的继代培养基中。

培养环境:温度 23 ℃,光照强度 3000 lx,光照时间 14 h。培养 20~25 d 成苗。

(2)诱导分化培养

在超净工作台中将无菌苗置于无菌培养皿,用灭菌后的手术刀将无菌苗的叶片-叶柄切成长度为 0.8~1.2 cm 的小段,随后将叶片-叶柄接种到诱导分化培养基中进行分化诱导培养。

培养环境:温度 23 ℃,光照强度 3000 lx,光照时间 14 h。培养时间 2~6 d。

3.2.5.4 浸染液制备与叶片-叶柄预培养

(1)菌液活化

从超低温冰箱中取出冷冻含有目的基因的农杆菌 EHA105 菌液,将菌液在 YEP 培养平板中划线培养,培养温度 28 ℃,培养时间 14 h。

(2)制备浸染液

将培养好的农杆菌取单菌落并扩繁,收集扩繁后菌体并放置浸染液培养基中重新悬浮,使其 OD_{600} 值在 0.30~0.50 之间,然后冰浴 1 h,备用。

3.2.5.5 遗传转化

(1)叶片-叶柄预处理

诱导分化培养后的叶片-叶柄,沿其茎走向用手术刀划出伤口,伤口的深度以不切透叶片-叶柄为准。

(2)农杆菌浸染

将预处理后的叶片－叶柄放入浸染液中,使用真空泵抽真空,使叶片－叶柄完全浸入浸染液,浸染 20~30 min。

(3)共培养

从浸染液中取出叶片－叶柄,置于无菌滤纸上吸干表面残留的浸染液,放入共培养培养基中进行共培养。

培养环境:温度 23 ℃,暗培养。培养时间 3~6 d。

(4)脱菌培养

共培养后,将叶片－叶柄放入脱菌培养基中进行脱菌。

培养环境:摇床转速 125 r/min,温度 25 ℃,光照强度 3000 lx,光照时间 14 h。脱菌 2~3 d。

(5)筛选培养

脱菌培养后,从脱菌培养基中取出叶片－叶柄,放入筛选培养基中,置于培养室培养。

培养环境:温度 25 ℃,光照强度 3000 lx,光照时间 14 h。培养 15~20 d,进一步培养成转基因甜菜无菌苗。

3.2.5.6　生根培养

从筛选培养基中取出抗性芽,切成 1~2 cm 的单芽,接种到生根培养基中。

培养环境:温度 25 ℃,光照强度 3000 lx,光照时间 14 h。20~30 d 即可诱导出新生根。

3.2.5.7　移栽

(1)炼苗

去掉封口膜,在组培室锻炼 2~3 d。

(2)室内移栽

选择根系生长健壮的组培苗从三角瓶中移出,用自来水浸泡根部 12 h,洗净根部残留的培养基,移栽到花盆中(育苗土由蛭石和田园土构成,二者比例为1:1)并遮阳,定期浇水,室内培养 7~14 d。

（3）大田移栽

待盆栽幼苗生长至4~6片真叶,平均气温稳定在10 ℃以上时,选择早上或者傍晚移入大田。

3.2.5.8　目的基因检测

（1）PCR 扩增检测

在组培苗进行筛选培养期间,提取组培苗基因组 DNA,对目的基因进行 PCR 扩增。扩增结果表明,有目的基因条带的说明目的基因转入组培苗并成功表达,没有目的基因条带的说明目的基因没有转入组培苗。

（2）涂抹草甘膦检测

使用浓度为 1.4 mL/L(大田除草使用浓度)的草甘膦溶液涂抹甜菜叶片, 10 d 后对照非转基因甜菜的老叶出现退绿、新叶萎缩畸形等药害反应。而转基因甜菜植株仅有个别新生叶片出现轻度萎缩的轻微药害反应,但仍保持正常生长活性。说明目的基因转入甜菜再生植株并成功表达。

第4章 甜菜田间试验设计及分析统计方法

4.1 田间试验要求

任何一项新的技术措施、新品种的选育和推广,只有通过试验才能确定。为了使试验结果准确可靠并达到为生产服务的目的,必须对试验地进行选择,选择能够代表当地土质、肥力、水利和耕作的条件,并要求前茬一致,肥力均匀,地势较平。试验地要避开曾设置的过道、沟渠以及粪堆。

4.2 田间试验设计

4.2.1 试验处理

试验处理指试验的内容,例如在品种试验中,品种是试验的因子,每一个参加试验的品种就是一个处理,又如在播种期试验中,每一播期就是一个处理。一般处理不应太多,品种试验以不超过十个品种为宜,过多容易影响准确性。

4.2.2 试验区的面积与形状

试验区的面积因试验对象不同、试验阶段不同而异,一般栽培、肥料、药剂、育种的初级试验区面积可在 $10 \sim 20 \ m^2$ 之间,灌溉试验面积可稍大些。试验区的形状一般以狭长形为好,长宽比例为 $2:1 \sim 4:1$。

4.2.3 重复次数

重复次数是指试验的各处理在试验中重复出现的次数。为了增加试验的准确性,必须设有重复,重复次数的多少依土壤肥力的均匀程度和种子数量的多少而定,一般试验小区重复 3~6 次即可。

4.2.4　田间排列方法

采取一定的排列方法是提高试验准确性的重要措施。为了使试验区间有相对一致的地力条件,其排列方向必须与坡向平行,常用的排列方法有如下几种。

(1)对比法

对比法是使试验处理区与对照区相邻并列,这样使处理与对照在相对一致的条件下进行,有利于提高试验的准确性,同时也便于观察比较。但由于此种排列对照区占地太多,土地利用率不高,因此不适于处理区设置过多,适于种子量少、精确度要求较高的试验。如引种比较试验,一般重复 3~6 次,每一重复间相同处理,对照不要排列在 1 条线上(图 4-1)。

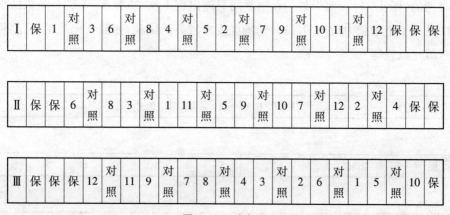

图 4-1　对比法

(2)系统标准区法

系统标准区法按照顺序排列处理。每隔 4 个处理设 1 个对照区,重复 2~5 次,可以并列或连接排列,如并列同一处理不应排列在一条线上。此法适用于品种试验的品系比较或种子量较少的初级试验(图 4-2)。

保	对照	1	2	3	4	对照	5	6	7	8	对照	9	10	11	12	对照	保	保	保

保	保	对照	5	6	7	8	对照	9	10	11	12	对照	1	2	3	4	对照	保	保

保	保	保	对照	9	10	11	12	对照	1	2	3	4	对照	5	6	7	8	对照	保

图4-2　系统标准区法

（3）随机区组法

随机区组法是指处理区或品种（系）与对照区在同一重复内的位置是随机排列的（图4-3）。每个处理在重复间只能出现1次，重复3~6次。随机区组法适用于土壤肥力较均匀、试验精度要求较高的试验，如品系比较试验、品种区域化试验等。

保	8	6	5	1	10	11	9	7	2	4	3	保

保	6	2	8	9	3	5	4	10	1	11	7	保

保	7	9	11	3	8	10	2	6	4	5	1	保

图4-3　随机区组法

（4）裂区排列法

裂区排列法首先按次要因子的处理划出主区，再将各主区主要因子的处理划出列区，主要因子采用随机区组法。此法适用于不同品种、不同播期、不同密度以及不同施肥量等复因子的试验。

4.3　产量计算分析

因试验设计不同,计算分析方法也不相同,即使同一设计也有不同的计算分析方法,但无论哪一种设计,在计算分析前都得将小区产量换算成每亩产量。根据小区实收株数及块根、茎叶重量算出平均每株根重、茎叶重,用克表示,然后用单株平均根重、茎叶重及每亩理论株数换算成每亩块根产量及茎叶产量;每小区含糖率取 3 次测定平均值(如有 1 次测定值与另 2 次的差值超过 0.4%,则取另 2 次平均值)。以每亩块根产量乘以该品种含糖率即为该品种的产糖量,然后进行产量质量分析。

4.3.1　对比法结果分析

在品种较少、重复较多时可以采用"student"对比分析方法,每一品种和相邻标准成对配合,估计试验误差,然后应用"t"值测验差数的显著性;如果品种较多而重复次数较少,在 5 次以下时可采用合并分析方法,估计联合误差(试验误差),应用这一联合误差以测验品种与标准种差异的显著性,同时可以测验品种间差数的显著性。

此处仅介绍后一种分析方法,此分析方法一般有 5 个步骤,举例说明。设有甜菜品种比较试验,供试品种 8 个,采用对比法设计,重复 4 次,其结果分析如下。

表 4-1　各重复的产糖量以及与标准种差数

品种号	重复 I		重复 II		重复 III		重复 IV	
	产糖量/(千克/亩)	与标准种差数	产糖量/(千克/亩)	与标准种差数	产糖量/(千克/亩)	与标准种差数	产糖量/(千克/亩)	与标准种差数
221	666.2	+10.1	678.9	+20.7	658.2	+10.1	681.3	−3.9
标准	656.1	—	658.2	—	648.1	—	685.2	—
407	720.3	+64.2	741.2	+83.0	700.2	+52.1	738.8	+53.6
264	660.6	+28.6	650.3	+2.1	640.2	+11.1	661.5	+21.4
标准	632.0	—	648.2	—	629.1	—	640.1	—

续表

品种号	重复Ⅰ		重复Ⅱ		重复Ⅲ		重复Ⅳ	
	产糖量/ (千克/亩)	与标准 种差数	产糖量/ (千克/亩)	与标准 种差数	产糖量/ (千克/亩)	与标准 种差数	产糖量/ (千克/亩)	与标准 种差数
271	562.8	−69.2	556.9	−91.3	566.2	−62.9	556.4	−83.7
278	623.4	+2.4	635.8	−10.4	645.9	+14.7	628.8	−47.2
标准	621.0	—	646.2	—	631.2	—	676.0	—
356	615.5	−5.5	634.2	−12.0	621.3	−9.9	656.9	−19.1
417	688.9	+23.7	679.5	+28.3	690.2	+52.1	698.3	+23.3
标准	665.2	—	651.2	—	638.1	—	675.0	—
218	584.2	−81.0	562.8	−88.3	574.1	−64.0	620.0	−55.0

表4-2　产糖量差数表

品种 重复	221	407	264	271	278	356	417	218
Ⅰ	10.1	64.2	28.6	−69.2	2.4	−5.5	23.7	−81.0
Ⅱ	20.7	83.0	2.1	−91.3	−10.4	−12.0	28.3	−88.3
Ⅲ	10.1	52.1	11.1	−62.9	14.7	−9.9	52.1	−64.0
Ⅳ	−3.9	53.6	21.4	−83.7	−47.2	−19.1	23.3	−55.0
Td 差数 总和	37.0	252.9	63.2	−307.1	−40.5	−46.5	127.4	−288.3
差数 平均	9.3	63.2	15.8	−76.8	−10.1	−11.6	31.9	−72.1

(1)计算平方和与自由度

①计算平方和

$$矫正数(C) = \frac{全部差数总平方和}{全部试验小区数} = \frac{\left[\sum_1^k (\mathrm{Td})\right]^2}{nK} = \frac{(-201.9)^2}{4 \times 8} =$$

$$\frac{40703.61}{32} \approx 1273.9。$$

其中,n——重复次数,K——供试品种数,Td——每个试验品种与标准品种的差数总和。

$$总平方和 = \sum_1^k (差数)^2 - C = \sum_1^{nk} (d)^2 - \frac{\left[\sum_1^k (Td)\right]^2}{nK}$$

$$= (10.1)^2 + (20.7)^2 + (10.1)^2 + \cdots + (-88.4)^2 +$$

$$(-64.0)^2 + (-55.0)^2 - 1273.9 = 70760.4。$$

$$品种间平方和 = \frac{\sum (各供试品种的差数总和)^2}{重复次数} - C$$

$$= \frac{\sum_1^K (Td)^2}{n} - \frac{\left[\sum_1^k Td\right]^2}{n \times k}$$

$$= \frac{(37.0)^2 + (252.9)^2 + \cdots + (124.7)^2 + (-288.3)^2}{4}$$

$$- 1273.9 = 65421.7。$$

机误平方和 = 总平方和 - 品种平方和

$$= 70760.4 - 65421.7$$

$$= 5338.7。$$

②计算自由度

A.品种自由度 = 供试品种数(标准种除外) - 1 = $K - 1 = 8 - 1 = 7$。

B.总自由度 = 全试验小区数 - 1 = $K \times n - 1 = (8 \times 4) - 1 = 31$。

C.机误自由度 = 总自由度 - 品种自由度 = $31 - 7 = 24$。

(2)编制变量分析表

表 4-3　变量分析表

变异来源	自由度	平方和	变异量	F 值
品种	7	65421.7	9346.0	
机误	24	5338.7	222.5	42.0
总计	31	70760.4	—	

查斯乃得克氏表,品种自由度(n_1) = 7,机误自由度 n_2 = 24 时,5% 理论

F 值 $=2.43$，1% 理论 F 值 $=3.50$，而计算所得的 F 值为 42.0，大于 1% 理论 F 值。

结论：各供试品种与其邻近标准的差数之间的差异极为显著。

（3）测验供试品种与标准间差异显著性

①计算差异标准误差

$$差异标准误差 = \sqrt{\frac{2 \times 机误变量}{重复次数}} = \sqrt{\frac{2 \times 222.5}{4}} \approx 10.5。$$

②计算 5% 和 1% 的最小显著差异值

查费雪氏 t 表：机误自由度 $(n_2) = 24$ 时，5% 理论 t 值 $= 2.064$，1% 理论 t 值 $= 2.797$。

5% 最小显著差异 $= 10.5 \times 2.064 = 21.7$。

1% 最小显著差异 $= 10.5 \times 2.797 = 29.4$。

③编制供试品种与标准的平均差数比较表

表 4-4　供试品种与标准的平均差数比较表

品种	407	417	264	221	278	356	218	271
差异	＊＊	＊＊	—	—	—	—	＊＊	＊＊
平均差数/（斤/亩）	63.2	31.9	15.8	9.3	-10.1	-11.6	-72.1	-76.8

＊表示超过 5% 的最小显著差异，＊＊表示超过 1% 最小显著差异。

④结论：407、417 品种比标准种增产极为显著，264 比标准种增产显著，218、271 比标准种减产极为显著，221、278、356 与标准比较无显著差异。

（4）测验供试品种间差异显著性

①计算差异标准误差

$$差异标准误差 = \sqrt{\frac{机误变量 \times 2}{重复次数}} = \sqrt{\frac{222.5 \times 2}{4}} = 10.6 \ 斤/亩。$$

②计算 5% 及 1% 的最小显著差异值

查费雪氏 t 表，机误自由度 $= 24$ 时，5% 理论 t 值 $= 2.064$，1% 理论 t 值 $= 2.797$。

5% 最小显著差异 $= 10.6 \times 2.064 = 21.9$。

1% 最小显著差异 $= 10.6 \times 2.797 = 29.6$。

③编制各供试品种与其邻近标准种的差数平均值之间的差异梯形表

表4-5　各供试品种与其邻近标准种的差数平均值之间的差异梯形表

品种名称	各品种与其邻近标准种的平均差数/（斤/亩）	各品种与其邻近标准种的差数平均值的差异（斤/亩）						
407	63.2							
417	31.9	31.3 * *						
264	15.8	47.4 * *	16.1					
221	9.3	53.7 * *	22.4 *	6.3				
278	-10.1	73.3 * *	42.0 * *	25.9 *	19.6			
356	-11.6	74.8 * *	43.5 * *	27.4 *	21.1	1.5		
218	-72.1	135.3 * *	104.0 * *	87.9 * *	81.6 *	62.0 * *	60.5 * *	
271	-76.8	140.0 * *	108.7 * *	92.6 * *	86.3 * *	66.7 * *	65.2 * *	4.7

* 表示差异显著, * * 表示差异极显著。

④结论：根据以上品种间产糖量比较分析结果,407 产糖量最高,比其他品种增产极显著,417 与 264 之间差异未达到显著标准、与 221 的差异达到显著标准,417 与其余品种的差异均达极显著标准。264 与 221 品种的差异未达到显著标准,264 与 278 差异达到显著标准、与其他品种差异均极显著,其后品种以此类推。

⑤产量分析注意的问题

如果缺株率超过 10% 则应按照缺区换算方法,换算出该区产量后才能进行分析,不能以实际产量进行分析。

4.3.2 系统标准区法结果分析

(1)两次重复系统标准区法的计算

先计算每个标准和品系在两次重复系统内的平均产量,然后计算出品系与标准种的差数及其增产百分率(差数为负值不必计算增产百分率),由于重复较少,不计算试验误差。例如,设一试验共有 12 个品种,两次重复系统标准区设计产量分析如下。

计算步骤:

①将两次重复产量相加计算总产量,如第一组对照总产量为 656.1 + 636.2 =1292.3 千克/亩。

②用产量除以重复次数计算平均产量,如第一组对照种平均产糖量为 1292.3÷2 =646.2 千克/亩。

③将一组内上下两个对照种的平均产量相加除以 2 算得对照种理论产量,如第一组对照种理论产量为(646.2 +625.1)÷2 =635.7 千克/亩。

④将各组内品种产量与该组对照种的理论产量相减算得差数,如品种 1 的差数为 714.7 –635.7 =79.0 千克/亩。

⑤以品种与对照种的差数除以相邻对照种的理论产量再乘以 100% 即得品种平均超过对照种平均产量的百分率,如品种 1 为(79.0÷635.7)×100% = 12.4%。差数为负值时,表示品种产量低于对照种,可以不计算百分率。根据计算结果,低于对照种的应当淘汰,超过对照种的可以继续试验或升入高一级的试验,至于超过对照种的百分之多少才选留应根据育种工作的要求而定,试验工作者可灵活掌握。

表4-6　产糖量分析表

品种名称	重复		总产量/(千克/亩)	平均产量/(千克/亩)	对照种理论产量/(千克/亩)	品种与对照种的差数/(千克/亩)	品种平均产量超过对照种理论产量的百分数
	I	II					
对照种	656.1	636.2	1292.3	646.2	—	—	—
1	720.3	709.1	1429.4	714.7	—	79.0	12.4%
2	660.6	640.2	1300.8	650.4	635.7	14.7	2.3%
3	656.8	630.3	1287.1	643.5	—	7.8	1.2%
4	612.5	601.2	1213.7	606.9	—	−28.8	
对照种	620.1	630.0	1250.1	625.1	—	—	—
5	548.2	578.9	1127.1	563.5	—	−52.2	
6	601.2	590.1	1191.3	595.7	615.7	−20.0	
7	520.1	530.5	1050.6	525.3	—	−90.4	
8	640.2	612.5	1252.7	626.4	—	10.7	1.7%
对照种	610.1	602.5	1212.6	606.3	—	—	—
9	730.2	709.3	1439.5	719.8	—	106.4	17.3%
10	512.5	520.3	1032.8	516.4	613.4	−97.0	
11	621.2	631.0	1252.2	626.1	—	13.7	2.2%
12	640.9	651.2	1292.1	646.1	—	32.7	5.3%
对照种	610.2	630.9	1241.1	620.5	—	7.1	1.2%

（2）三次重复系统标准区法的计算

产量分析中理论产量及差数求法与两次重复系统标准区法相同，不同的是需要用全试验的标准区产量测定试验误差和变异系数，由变异系数探知试验的准确程度，用试验误差测验品系与标准种的差异显著性。例如，12个品系用三次重复系统标准区法排列其产量，分析如下（产量数字已缩减）。

表4-7　块根产量分析表

品种名称	重复			总数/(千克/亩)	平均/(千克/亩)	对照种理论产量/(千克/亩)	品种与对照种的差数/(千克/亩)	品种平均产量超过对照种理论产量的百分数
	I	II	III					
对照种	27.1	28.0	26.5	81.6	27.2	—	—	—
1	35.1	32.1	30.9	98.1	32.7	—	5.1 * *	18.5%
2	29.0	28.8	29.5	87.3	29.1		1.5	5.4%
3	32.7	32.0	33.4	97.5	32.5	27.6	4.9 * *	17.7%
4	36.5	37.9	35.8	110.2	36.7		9.1 * *	33.0%
对照种	27.6	27.9	28.3	83.8	27.9	—	—	—
5	22.0	23.0	22.5	67.5	22.5	27.3	-4.8	—
6	28.0	29.3	29.1	86.4	28.8		1.5	5.5%
7	21.0	23.0	20.5	64.5	21.5		-5.8	—
8	35.0	34.3	33.2	102.5	34.2		6.9 * *	25.3%
对照种	26.8	27.0	26.3	80.1	26.7	—	—	—
9	32.1	32.0	33.2	97.3	32.4		-4.8 * *	17.4%
10	28.8	27.0	28.3	85.0	28.3	27.6	0.7	2.5%
11	25.6	24.9	24.0	74.5	24.8		-2.8	—
12	25.6	26.9	25.8	78.3	26.1		-1.5	—
对照种	27.0	29.8	28.3	85.1	28.4			
对照种	—	—	—	330.6	—	—	—	—
总和	—	—	—					

计算步骤：

①计算平方和与自由度

求出标准区的矫正数：

$$矫正数(C) = \frac{\left(\sum X\right)^2}{N} = \frac{(330.6)^2}{12} = 9108.03。$$

其中,X——每标准区产量,N——全试验标准区数目。

·84·

求标准区的平方和：

$$\sum X^2 - \frac{\left(\sum X\right)^2}{N} = 27.1^2 + 28.0^2 + 26.5^2 + \cdots + 26.8^2 + 27.0^2 + 26.3^2 + $$

$$27.0^2 + 29.8^2 + 28.3^2$$

$$= 9118.6 - 9108.0 = 10.6 _{\circ}$$

求标准区的自由度：

$n = N - 1 = 12 - 1 = 11 _{\circ}$

②测定品系与标准种间差异显著性

求试验误差(S)：

$$S = \sqrt{\frac{\sum X^2 \dfrac{\left(\sum X\right)^2}{N}}{N - 1}} = \sqrt{\frac{10.6}{11}} = \sqrt{0.9636} = 0.98 _{\circ}$$

求产量差数的试验误差(Sd)及显著平准：

$$Sd = \sqrt{2S/r} = \sqrt{2 \times 0.9636/3}$$

$$= 0.80 _{\circ}$$

$$Sd = \sqrt{0.9635 \times 2/3} = \sqrt{0.6423} = 0.80 _{\circ}$$

其中, r ——重复次数。

显著平准为 2Sd = 1.60。极显著平准 3Sd = 2.40。

品种与对照种差数超过 2Sd 时,表示达显著平准,差数超过 3Sd 时,表示达极显著平准,选种初期可以超过对照的差数达 1Sd 为品系选留界限。

③测定变异系数

$$变异系数 = \left(\frac{S}{X}\right) \times 100\% = \frac{0.98}{27.6} \times 100\% = 3.6\% _{\circ}$$

其中, X ——全部试验品种总平均产量。

④结论

1、3、4、8、9 号比标准种增产极为显著,可以升入高一级试验,2、5 号比标准增产达到 1Sd 可以继续试验,其余品系不应继续试验。

4.3.3　随机区组法结果分析

例如,供试品种 10 个,采用随机区组法排例。四次重复的分析如下。

表 4 - 8　产量表

（单位：斤/亩）

品种	I	II	III	IV
1	27.3	29.4	25.3	26.3
2	25.4	26.1	25.9	26.9
3	26.3	27.7	25.8	28.2
4	26.1	27.4	28.1	28.9
5	30.1	32.3	34.5	33.8
6	23.1	23.4	24.7	23.5
7	24.1	24.7	25.6	26.1
8	27.1	28.2	28.7	27.9
9	30.7	32.1	29.1	28.7
10	26.4	27.1	27.5	28.1

（1）计算平方和及自由度

矫正数 $C = \dfrac{x_{..}^2}{nk} = 30294.02$，$x_{..} =$ 观测值总和，$k =$ 品种数，$n =$ 区组数。

总平方和 $= \sum\limits_{i=1}^{k} \sum\limits_{j=1}^{n} x_{ij}^2 - C = (27.3^2 + 29.4^2 + \cdots + 27.5^2 + 28.1^2) -$

$30294.0 = 30552.22 - 30294.02 = 258.204$，$x_{ij} =$ 观测值。

区组平方和 $= \dfrac{1}{k} \sum\limits_{i=1}^{n} x_{i.}^2 - C = \dfrac{(266.6^2 + 280.6^2 + 275.2^2 + 278.4^2)}{10} -$

$30294.02 = 11.336$，$x_{i.} =$ 区组观测值总和。

品种平方和 $= \dfrac{1}{n} \sum\limits_{j=1}^{k} x_{.j}^2 - C = \dfrac{(108.3^2 + 104.3^2 + \cdots + 109.1^2)}{4} -$

$30294.02 = 213.974$，$x_{.j} =$ 品种观测值总和。

机误平方和 = 总平方和 - 区组平方和 - 品种平方和 = 258.204 - 11.336 -

213.974 = 32.894。

总自由度 $= nk - 1 = 4 \times 10 - 1 = 39$。

区组自由度 $= n - 1 = 4 - 1 = 3$。

品种自由度 $= k - 1 = 10 - 1 = 9$。

机误自由度 = 总自由度 − 区组自由度 − 品种自由度 = 39 − 3 − 9 = 27。

（2）编制变量与分析表

表 4 − 9　变量分析表

变异原因	自由度	平方和	变异量	F 值
区组间	3	11.336	3.779	3.102
品种间	9	213.974	23.775	19.515
机误	27	32.894	1.218	—
总和	39	258.204	—	—

查 F 值表 $n_1 = 9, n_2 = 27$ 时，5% 理论 F 值 = 2.25，1% 理论 F 值 = 3.14，计算所得品种间 F 值为 19.515，超过 1% 理论 F 值。

结论：供试品种产量的差异显著。

（3）测定各供试品种产量的差异显著性

①计算均数差异标准差（Sd）

Sd = $\sqrt{机误变异量 \times 2/n}$，n = 重复次数。

Sd = $\sqrt{2 \times 1.218/4}$ = 0.371。

②查 t 值表，机误自由度 = 27，5% 理论 t 值 = 2.052，1% 理论 t 值 = 2.771。

③计算 5% 及 1% 的最小显著差异值

5% 最小显著差异值：Sd × 5% 理论 t 值 = 0.371 × 2.052 = 0.761。

1% 最小显著差异值：Sd × 1% 理论 t 值 = 0.371 × 2.771 = 1.028。

④列出均数差值梯形表

表4-10 均数差值梯形表

品种号	平均产量	5	9	8	4	10	1	3	2	7	6
		32.675	30.150	27.975	27.625	27.275	27.075	27.000	26.075	25.375	23.975
5	32.675										
9	30.150	2.525**									
8	27.975	4.700**	2.175**								
4	27.625	5.050**	2.525**	0.350							
10	27.275	5.400**	2.875**	0.700	0.350						
1	27.075	5.600**	3.075**	0.900*	0.550	0.200					
3	27.000	5.675**	3.150**	0.975*	0.625	0.275	0.075				
2	26.075	6.600**	4.075**	1.900**	1.550**	1.200**	1.000*	0.925*			
7	25.375	7.300**	4.775**	2.600**	2.250**	1.900**	1.700**	1.625**	0.700		
6	23.975	8.700**	6.175**	4.000**	3.650**	3.300**	3.100**	3.025**	2.100**	1.400**	

结论:根据产量分析结果,5 号产量极显著高于其他品种。9 号品种产量次之,产量极显著高于除 5 号外其余品种。6 号品种产量最低极显著低于其他品种。

4.3.4　裂区试验结果分析

以甜菜不同品种的不同播种期作为复因子试验为例,例如试验共试品种有 C、AB、P1537 3 个品种,其播期为 4 月 15 日、4 月 25 日、5 月 5 日、5 月 15 日,产量如表 4 – 11 所示。

表 4 – 11　甜菜不同品种播种期试验产量表

处理	重复	品种		
		C	AB	P1537
4 月 15 日	I/(斤/亩)	114.0	110.5	157.0
	II/(斤/亩)	104.0	112.5	159.0
	III/(斤/亩)	112.0	110.5	159.0
	IV/(斤/亩)	113.0	101.0	132.0
4 月 25 日	I/(斤/亩)	94.0	98.5	151.0
	II/(斤/亩)	104.0	116.0	122.0
	III/(斤/亩)	112.0	104.0	139.0
	IV/(斤/亩)	104.0	108.0	138.0
5 月 5 日	I/(斤/亩)	101.5	99.5	135.0
	II/(斤/亩)	110.5	104.0	141.0
	III/(斤/亩)	101.0	100.0	115.0
	IV/(斤/亩)	101.0	116.0	136.0
5 月 15 日	I/(斤/亩)	103.0	103.5	138.0
	II/(斤/亩)	98.5	111.5	116.0
	III/(斤/亩)	97.0	85.0	115.0
	IV/(斤/亩)	91.0	93.0	120.0

试验结果的统计分析:因试验设计不同,计算方法也不尽相同,但无论哪一

种设计,在计算分析都得首先将小区的产量换算成亩产,根据小区实收株数及块根、茎叶重量算出平均每株根重、茎叶重。然后根据单株平均根重及每亩理论株数换算成每亩块根产量及茎叶重。含糖则取小区的三次平均数(如有一次测定值与另二次的误差超过0.4%,则取另两次平均值)。最后以每亩块根产量乘该处理或品种(系)含糖率即得到每亩产糖量。

区组I	AB				C				P1537			
	4月15日	5月5日	4月25日	5月15日	4月25日	5月5日	4月15日	5月15日	5月15日	5月5日	4月15日	4月25日
区组II	C				AB				P1537			
	5月15日	4月25日	4月15日	5月5日	5月5日	4月15日	4月25日	5月15日	4月15日	5月5日	5月15日	4月25日
区组III	AB				P1537				C			
	5月5日	5月15日	4月25日	4月15日	4月25日	5月5日	4月15日	5月5日	5月15日	4月15日	4月25日	5月5日
区组IV	P1537				AB				C			
	4月25日	4月15日	5月15日	5月5日	5月5日	4月25日	5月15日	4月15日	4月15日	4月25日	5月15日	5月5日

图4-4 裂区排法

为了明确试验结果的误差,判断可能性的范围及各处理间的显著性,一般应用如下几种方法。

(1)整理数据

表4-12 处理、区组两向表

品种(主区)	播期(副区)	重复I	重复II	重复III	重复IV	处理总和 $x_{ij.}$
C	4月15日	114.0	104.0	112.0	113.0	443.0
	4月25日	94.0	104.0	112.0	104.0	414.0
	5月5日	101.5	110.5	101.0	101.0	414.0
	5月15日	103.0	98.5	97.0	91.0	389.5
	主区总和 $x_{i.1}$	412.5	417	422	409	—
AB	4月15日	110.5	112.5	110.5	101.0	434.5
	4月25日	98.5	116.0	104.0	108.0	426.5
	5月5日	99.5	104.0	100.0	116.0	419.5
	5月15日	103.5	111.5	85.0	93.0	393.0
	主区总和 $x_{i.1}$	412.0	444.0	399.5	418.0	—

	4 月 15 日	157.0	159.0	159.0	132.0	607.0
	4 月 25 日	151.0	122.0	139.0	138.0	550.0
P1537	5 月 5 日	135.0	141.0	115.0	136.0	527.0
	5 月 15 日	138.0	116.0	115.0	120.0	489.0
	主区总和 $x_{i.1}$	581.0	538.0	528.0	526.0	—
区组总和 $x_{..1}$		1405.5	1399.0	1349.5	1353.0	—

表 4 - 13 品种、播期两向表

品种(A 因素)	播期(B 因素)				品种总和 $x_{i.}$
	4 月 15 日	4 月 25 日	5 月 5 日	5 月 15 日	
C	443.0	414.0	414.0	389.5	1660.5
AB	434.5	426.5	419.5	393.0	1673.5
P1537	607.0	550.0	527.0	489.0	2173.0
播期总和 $x_{.j.}$	1484.5	1390.5	1360.5	1271.5	—

(2)计算平方和及自由度

矫正数 $C = \dfrac{x_{...}^2}{abr} = \dfrac{5507^2}{3 \times 4 \times 4} = 631813.5$, $x_{...} =$ 观测值总和, $a =$ 品种(主区) , $b =$ 播期数(副区) , $r =$ 重复数(区组) 。

总平方和 $= \sum\limits_{i=1}^{a} \sum\limits_{j=1}^{b} \sum\limits_{l=1}^{r} x_{ijl}^2 - C = (114^2 + 110.5^2 + \cdots 93^2 + 120^2) - 631813.5 = 15983$, $x_{ijl} =$ 观测值。

主区总平方和 $= \dfrac{1}{b} \sum\limits_{i=1}^{a} \sum\limits_{l=1}^{r} x_{i.l}^2 - C = \dfrac{(412.5^2 + 417^2 \cdots + 528^2 + 526^2)}{4} - 631813.5 = 643269.9 - 631813.5 = 11456.4$, $x_{i.l} =$ 主区总和。

主区品种平方和 $= \dfrac{1}{br} \sum\limits_{i=1}^{r} x_{i...}^2 - C = \dfrac{(1660.5^2 + 1673.5^2 + 2173^2)}{4 \times 4} - 631813.5 = 642487 - 631813.5 = 10673.5$, $x_{i...} =$ 品种观测值总和。

区组平方和 $= \dfrac{1}{ab} \sum\limits_{l=1}^{r} x_{..l}^2 - C = \dfrac{(1405.5^2 + 1399^2 + 1349.5^2 + 1353^2)}{3 \times 4} - 631813.5 = 632032.5 - 6318183.5 = 219$, $x_{..l} =$ 区组总和。

主区误差平方和 = 主区总平方和 − 主区品种平方和 − 区组平方和 = 11456.4 − 10673.5 − 219 = 563.9。

$$处理平方和 = \frac{1}{r}\sum_{i=1}^{a}\sum_{j=1}^{b}x_{ij.}^2 - C = \frac{(443^2 + 414^2 + \cdots 527^2 + 489^2)}{4} -$$

631813.5 = 644918 − 631813.5 = 13104.5，$x_{ij.}$ = 处理总和。

$$副区播期平方和 = \frac{1}{ar}\sum_{j=1}^{b}x_{.j.}^2 - C = \frac{(1484.5^2 + 1390.5^2 + 1360.5^2 + 1271.5^2)}{3 \times 4}$$

− 631813.5 = 633741.9 − 631813.5 = 1928.4，$x_{.j.}$ = 播期总和。

品种 × 播期总数 = 处理平方和 − 主区品种平方和 − 副区播期平方和 = 13104.5 − 10673.5 − 1928.4 = 502.6。

副区误差平方和 = 总平方和 − 主区平方和 − 副区播期平方和 − 品种 × 播期平方和 = 15983 − 11456.4 − 1928.4 − 502.6 = 2095.6。

总自由度 = abr − 1 = 3 × 4 × 4 − 1 = 47。

主区总自由度 = ar − 1 = 3 × 4 − 1 = 11。

主区品种自由度 = a − 1 = 3 − 1 = 2。

区组自由度 = r − 1 = 4 − 1 = 3。

主区误差自由度 = 主区总自由度 − 主区品种自由度 − 区组自由度 = 11 − 2 − 3 = 6。

处理自由度 = ab − 1 = 3 × 4 − 1 = 11。

副区播期自由度 = b − 1 = 4 − 1 = 3。

品种 × 播期自由度 = 处理自由度 − 主区品种自由度 − 副区播期自由度 = 11 − 2 − 3 = 6。

副区误差自由度 = 总自由度 − 主区总自由度 − 副区播期自由度 − 品种 × 播期自由度 = 47 − 11 − 3 − 6 = 27。

（3）列出变量分析表

表 4－14　变量分析表

区组	变异来源	自由度	平方和	变异量	F 值	5%F 临界值	1%F 临界值
主区	区组	3	219.00	73.00	0.78	4.76	9.78
	主区品种	2	10673.50	5336.75	56.79	5.14	10.92
	主区误差	6	563.90	93.98	—	—	—
副区	副区播期	3	1928.40	642.80	8.28	2.96	4.60
	品种×播期	6	502.60	83.77	1.08	2.46	3.56
	副区误差	27	2095.60	77.61	—	—	—

根据各变异来源自由度和误差自由度查下临界值表，获得5%和1%水平下下临界值，与各变异来源下值相比，发现，正组间和品种×播期存在差异不显著，品种间和播期间差异极显著。

（4）品种间和播期间多重比较

品种间 Sd $= \sqrt{\dfrac{2 \times 主区误差变异量}{播期数 \times 重复数}} = \sqrt{\dfrac{2 \times 93.98}{4 \times 4}} = 3.43$。

查 t 值表，主区误差自由度 $=6$ 时，5% t 临界值 $= 2.45$，1% t 临界值 $= 3.71$。

5%显著差异标准 $= 3.43 \times 2.45 = 8.4035$。

1%显著差异标准 $= 3.43 \times 3.71 = 12.7253$。

表 4－15　品种间产量差异比较表

品种		P1537	AB	C
	平均产量	135.81	104.59	103.78
P1537	135.81			
AB	104.59	31.22 * *		
C	103.78	32.03 * *	0－81	

结论:品种 P1573 产量显著高于 AB 和 C 两个品种,AB 和 C 两个品种产量差异不显著。

播期间 $Sd = \sqrt{\dfrac{2 \times 副区误差变异量}{品种 \times 重复数}} = \sqrt{\dfrac{2 \times 77.61}{3 \times 4}} = 3.60$。

查 t 值表副区误差自由度 = 27 时,5% t 临界值 = 2.05,1% t 临界值 = 2.77。

5% 显著差异标准 = 3.60 × 2.05 = 7.38。

1% 显著差异标准 = 3.60 × 2.77 = 9.97。

表 4 – 16　播期间产量差异比较表

播期		4 月 15 日	4 月 25 日	5 月 5 日	5 月 15 日
	平均产量	123.71	115.88	113.38	105.96
4 月 15 日	123.71				
4 月 25 日	115.88	7.83 *			
5 月 5 日	113.38	10.33 **	2.5		
5 月 15 日	105.96	17.75 **	9.92 *	7.42 *	

结论:4 月 15 日播种产量显著高于 4 月 25 日播种,其显著高于其他播期,5 月 15 日播种产量最低,显著低于 4 月 25 日和 5 月 5 日播种,极显著低于 4 月 15 日播种。

第5章 甜菜种子的繁殖

新品种的选育和繁育是与甜菜育种紧密相关的两个阶段,良种繁育是育种工作的继续。甜菜是二年生自由异花授粉作物,杂交率很高,很容易混杂退化。良种繁育的目的就是把符合要求的有益经济性状得以继续巩固,使品种的优良种性能真正应用于生产。良种繁育不仅要保持品种的种性,还要通过良种繁育的某些手段继续提高品种的生产力,最大限度地发挥品种的增产潜力。甜菜良种繁育的任务是通过良好的农业技术,保持品种纯度,巩固和改善良种种性,发挥优良品种的生产潜力,以最快的速度繁育出质优量多的种子,做到种子质量标准化、良种区域化、种子加工机械化和种子生产专业化。

我国甜菜良种繁育制度包括两级原种繁育(图5-1)和三级良种繁育(图5-2)两种方式。

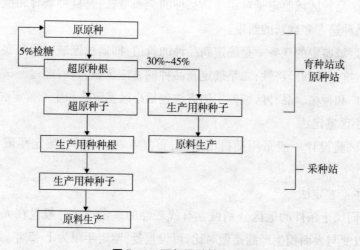

图5-1 两级原种繁育程序图

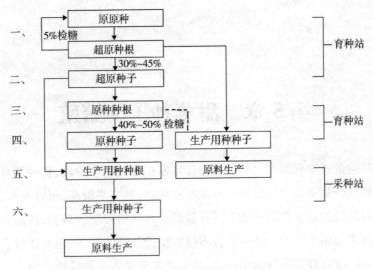

图 5-2　三级良种繁育程序图

5.1　品种区域鉴定

甜菜品种区域鉴定在不同区域统一进行生产力鉴定,从中确认新品种和推广新品种。品种区域鉴定是对甜菜新品种的全面考核,是良种繁育和推广的前奏,是新品种选育和良繁的纽带。

品种区域鉴定的任务一是确定新品种的价值,即通过区域试验观察该品种的抗病性、抗逆性和经济性;二是确定新品种的适应区域,只有经过测试的区域才能够推广和种植。品种区域鉴定的方法包括小区鉴定法和生产鉴定法。

(1)小区鉴定法

小区试验设计一般采用随机区组法,重复 4 次,4 行区,鉴定年限一般为3 年。

(2)生产鉴定法

在不同风土条件的地区分别设立有代表性的鉴定点。一般设在大面积生产田内,以便与大面积生产甜菜做对比,可设重复,鉴定年限为 1~2 年。

5.2　良种繁育技术

甜菜良种繁育技术是指保证甜菜良种繁殖系数的技术。繁殖系数是指一亩地的种根可栽植几亩采种田,也就是说使用 1 kg 的原种可生产出多少千克的生产用种。

在北方一亩地种根可栽植 2 ~ 4 亩采种田,每亩采种田平均单产 150 ~ 250 kg,以一亩地种根要原种 1 kg 计算,繁殖系数为 1: (300 ~ 600)。

5.3　原种质量

(1) 原种品质标准

原种种子的发芽率、纯度、净度、倍性、粒性、育性等主要品质指标必须达到国家标准。原种种子不带有影响幼苗生长发育的病菌,播前应进行种子消毒。

(2) 原种包装

原种包装按 GB　19176—2010 中包装和标志的相关条款执行。

5.4　采种地区的条件

(1) 气候条件

采种地区应选择在适宜于母根安全越冬、种株能正常开花授粉及种子适期成熟的地区。在种株开花至种子成熟期内,无干热风,无持续阴雨或暴雨、大风,阳光充足,雨量要少,相对湿度低于 75%。

实行露地越冬采种的地区,冬季较温暖,平均气温 0 ~ 3 ℃,1 月平均最低气温 -4 ~ -7 ℃,年平均气温 13 ~ 14 ℃,年降雨量 500 ~ 900 mm 为宜,冬季平均气温 1 ~ 5 ℃ 的持续时间不少于 60 天,以便母根完成春化过程。

凡是冬季气温较低的地区,不能保证母根安全越冬、采种质量及种子生产稳定性,宜采用窖藏越冬法采种。

(2) 土壤条件

适于母根及种株生长发育,以土质疏松的砂壤土、轻黏土、黑钙土较适宜。

地势平坦,灌排方便,通风良好,实行4年以上轮作,采种地区无根腐病、丛根病等病害发生。

土壤要秋翻秋施肥,耕深15~20 cm,施足农家肥6000~8000斤/亩,过磷酸钙30~40斤/亩。

施肥采用条施撒施,耕翻施肥后应立即秋起垄。

(3)远离原料产区

甜菜采种地区应当与制糖原料种植区严格分开,严禁在原料区内同时安排大田用种及原种繁殖。

(4)隔离条件

同一类型不同品种之间或同一品种的不同亲本之间的采种地块隔离距离为2~4 km。不同类型品种之间(多粒与单粒,雄性不育杂交种与普通二倍体或多倍体品种)采种地块隔离距离为5~8 km。

糖用甜菜与饲用甜菜品种间,隔离距离为30 km以上,在糖用甜菜集中采种区不准安排饲用甜菜采种。

(5)面积集中

采种区内,每块采种田面积尽量在1 hm^{2}左右,采种区应适当集中,形成规模化生产。

5.5 亲本配置比例及栽培方式

(1)亲本配置

四倍体与二倍体亲本母根栽植行数之比为3:1或4:1。收获时,四倍体和二倍体种子混收。

不育系与授粉系亲本母根栽植行数之比为6:2或8:2,为便于机械收割作业及父本、母本之间分开,每隔8~10行应留一空行。开花盛期15天后,先将授粉系割去,然后再收不育系株上的种子。

普通二倍体品种系选品种不分父本母本,亲本按行种植,种子混收。

(2)栽培方式

上述各种类型的分行栽植方式,父本母本的行间距及株间距均分别保持一致。

为了避免由于父本母本之间花期不一致造成的杂种种子结实差及种性降低,在品种说明书中应说明原种的父本、母本花期情况。如有必要,应将开花晚的亲本早栽几天或采用掐尖打薹的措施,使杂交种双方能同时开花授粉,这样能提高结实效果。

5.6　露地越冬法采种的主要技术要求

5.6.1　育苗

（1）播种时间

根据当地作物茬口安排及气候情况,江苏省及鲁南地区在 8 月上中旬;鲁北、陕南、甘肃陇南等地区在 7 月下旬至 8 月中旬。

①培育原种种根的播种

培育原种种根的播期应与原料甜菜播期相同,即进行正常的春播,使之获得正常大小和正常含糖率的种根,以便进行单株检糖和选择。播种用的种子必须是超级原种。对杂种优势品种,各系号或各品种应分别播种（不能播在同一地块）,以防造成机械混杂,并且要按照比例播种,以免配组合时比例失调。

②培育生产用种种根的播种

生产用种种根与原种种根不同,无须达到正常大小,也无须达到正常含糖率,只要求有一定大小（100 g 以上）就行了。这是因为生产用种种根无须单株检糖,同时也为了提高繁育系数,因此可以采用晚播。

（2）苗床准备

苗床要平整,以砂壤土为好,小畦面,灌排水方便。

（3）密度

育苗采种田播种量为每 667 m² 播种 1.0～1.5 kg,以每 667 m² 保苗 2.5 万株~3.0 万株为宜。每 667 m²幼苗可移栽 3333.5～4667.0 m² 采种田,应及早定苗,保持苗壮。

移栽至采种田的种根密度应根据其母根大小、种植方式、土壤肥力、地区气候条件及管理水平而定。适当密植可提高种株抗倒伏能力及种子产量质量。江苏北部、山东地区采种区 8 月上旬 667 m² 种植密度为 3000 株,中旬为 3500～

4000 株,8 月下旬迟播种植密度为 4200~4800 株。其他采种区如甘肃、陕南、山西地区的种植密度为 667m² 3500 株左右。

(4)田间管理

保全苗是田间管理的首要任务。培育生产用种种根需要有足够的株数才能够提高繁育系数。

防风与防虫。防风——播后趟一犁(不要压苗);防虫——勤检查,见虫撒药,及时防治。

及时疏苗和铲趟。生产用种种根株距 10 cm 左右,应保苗 10000 株以上;原种种根株距 20 cm 左右,应保苗 5000 株左右。

田间淘汰劣势,淘汰标准为罹病严重株、生育不良株和变异株。用镰刀削去淘汰株的根头或拔掉淘汰株,生产用种种根可进行 1 次,原种种根可进行 2 次。

5.6.2 移栽

(1)移栽时间及苗龄

一般情况下,在苗龄 25~35 d,10 片叶,根直径不小于 1 cm 左右时,移栽较好。移栽时,应淘汰弱苗、病苗、杂苗。移栽深度(幼苗生长点)低于地表 2~3 cm(在冬季易受冻害地区)。甘肃地区异地移栽时间应在翌年 3 月中旬至 4 月上旬。

(2)水肥管理

移栽穴中,施少量以氮磷为主的复合肥,栽后立即适量浇水。

5.6.3 覆土越冬

(1)适宜苗龄

越冬前应保持母根生长健壮。一般情况下越冬前母根应有 15~25 片叶,块根直径 3~5 cm,根重以 100~200 g 为好。

(2)覆盖时间及次数

根据当地冬季气候变化而定。分 2~3 次覆盖,第一次气温降到 6~8 ℃时,将根冠埋入土中,盖严;第二次当气温降至 0 ℃以下时,应盖埋心叶。覆盖物可就地取材,先用土埋,遇有特殊严寒天气时,应加盖其他覆盖物,如秫秸、土杂肥等。

5.6.4　水肥管理

（1）合理施用氮肥、磷肥

磷肥以底肥为主,氮肥以冬前为主。氮磷比一般为 1:0.6 或 1:0.8。

（2）施肥量及施肥时间

中等地力越冬前施底肥:每 667 m² 施 2.5 ~ 3.0 t 有机肥,23 ~ 28 kg P$_2$O$_5$,5 ~ 10 kg N$_2$。返青期补磷酸二铵每 667 m² 15 ~ 20 kg,结合浇水或松土保墒。抽薹期后,不再追施氮肥。有条件地区应在花期喷硼、锰等微量元素肥料,叶面喷洒 1 ~ 2 次。

（3）花期浇水

夏季遇高温干旱要及时浇水,种株收获前半个月左右不宜再浇水,以防徒长、倒伏。

5.6.5　挖心与掐尖

（1）挖心

在抽薹初期,顶芽初萌时,挖去种苗顶芽,促使侧枝发育。对个别播种晚、根体太小、肥力水平较低的田块,可不采取挖心措施。待主薹长出 10 cm 后,一次打去主薹。

（2）掐尖

在盛花期,将化枝顶端包括各个一级、二级分枝掐去 2 ~ 3 cm,抑制其顶端生长,促进种子成熟。

5.6.6　淘汰劣株

只抽薹不开花或只开一些小花、枝条嫩绿、明显晚熟的植株,或者有一些有扁带的植株,应在开花后种子成熟前将其拔除,避免其与正常株互相授粉。

5.6.7　适期收获

（1）收获时期

正确掌握甜菜种株的收获时期是保证种子丰产丰收的关键。收获过早会降低种子的产量和质量;收获过晚,早熟的种子脱落会造成损失。

种子有后熟作用,可以适当早收:种球变黄时,种仁已成干粉状;1/3 的种球变黄即可达到收获适期;种球半黄半绿——种仁已成粉状;全绿的种球,种仁的胚乳也完全成熟;再嫩绿一些的种球——大部分种球也具有发芽能力。

以下指标常被用来确定成熟度:

①植株和种子(球)的色泽。

②种子和胚的结构。

③种子(球)的垂落度。

收获期试验和实践经验表明:当较底部的较大种子(球)的 1/3 变成浅棕色而且籽粒变硬时,种子(球)达到了期望成熟度。单独种(株)收割的试验表明,深褐色的种球其胚变硬,已超过乳熟期。种子(球)仍几乎还是绿色时,其正处乳熟期,但是当色泽逐渐变褐时其干物质也随之增加。不过,仅根据种子(球)分析判断最佳收获期的尝试还没有成功。

(2)收获方法

多采用手工收获,用镰刀收割结果(籽)枝,3~5 株捆成一捆。轻拿轻放,防止落粒损失。运回后及时晾晒。

收获时,严防品种间、品系间混杂。

(3)晾晒和脱粒

种子脱粒前,种株果枝需要晾晒,每天翻动一次。如果天气晴朗,晾晒 3~4 d 即可脱粒。

种子脱粒:首先要选择好天气,天气不晴,不要强行脱粒。

脱粒方法:用人工摔打或用打稻机进行脱粒。

脱粒时间:以 3~10 点为好。

充分进行 2 次脱粒:第 1 次脱下绝大部分种球;第 1 次未脱下来的,经再次晾晒后进行第 2 次脱粒。

两次脱粒的种子,应分别清选后再混在一起。

(4)种子清选

脱粒后的种子应及时摊开晾晒,以便清洗。

可先采用风车等工具进行风选,将种子中的花枝碎屑、叶片以及泥土等杂物清除。然后用标准筛筛选法,将小种球(小于 25 mm 以下的种球)和较大的土块筛除。如仍不合乎要求(标准),需要采用人工挑选达到收购标准。

(5)种子干燥

清选后的种子往往含水量仍然较高,需要进一步晾晒、干燥。

干燥方法:

①摊成薄层,利用阳光干燥。

②利用干燥机或暖炕干燥。

夏季空气湿度大,种子容易吸湿返潮,应经常检查、翻晒。

(6)最终甜菜的产量

种子产量(用重量或单位——100000 粒标记)取决于繁种地区、繁殖方式(法)和种植类型。在单胚种从粗种子到加工成品的过程中,杂质、低质量种子和来自授粉系的混杂种子均需清选掉。

种子生产也可以用基础种子用量同收获的商品种子量(加工后的成品)之间的比率来测量。一般来讲,间接法(移栽法)的繁殖率为1:(350~450),而直接(播)法的繁殖率为1:(100~200)。

5.6.8 病虫害防治

注意防治立枯病、褐斑病、甜菜夜蛾、蛴螬、蝼蛄、地老虎、甜菜象甲、蚜虫等病虫的危害。

5.7 窖藏越冬法采种的主要技术要求

5.7.1 母根培育

(1)播种时间

从 8 月初开始,气温下降较快,霜期较早,为使母根生长期有足够的积温,应在夏熟作物收割后,抓紧整地、播种,或者春季留茬晚种。播种时间在 7 月中旬至 8 月上旬。越冬前幼苗生长日数 50~70 d,根重以 100~250 g 为好。

(2)播种量及留苗密度

条播,每 667 m^2 播种 0.7~1.2 kg,2~3 对真叶时间苗,4~5 对真叶时定苗。667 m^2 保苗 8000~10000 株。间、定苗时,要及时拔除病苗、弱苗及杂苗。施足底肥,适当追肥。

5.7.2　母根贮藏窖准备

在集中种植甜菜的采种基地,应修建永久性、半地下式大型母根贮藏窖。母根贮藏窖要求达到窖温(2~4 ℃)和适宜的相对湿度(85%~95%)。

窖址应选择在地势较高、向阳背风地块,窖宽约 1 m,深 60~80 cm,长度根据母根数量而定。窖底中部应挖一条宽 20 cm,深 20 cm 的通风沟,用玉米秆或高粱秆棚上。母根入窖时,轻拿轻放,避免表皮损伤,母根层中间应插 1~2 个用玉米、高粱或葵花秆捆成束的通风道,便于空气流通,窖上面棚上秸秆,然后盖土,土层厚 10~30 cm。

窖藏损失的大小,取决于两个条件:

①种根质量即种根是否萎蔫失水或受冻,如失水、受冻,组织受破坏,贮藏中易于腐烂。

②窖的温湿度。只要严格控制好温湿度,就可大大降低损失。

5.7.3　母根修削与选择

秋季地冻以前(夜间气温 1~3 ℃),母根开始起收。入窖的母根起收的块根应按母根切削标准削去叶片及叶柄,淘汰病根、畸形根及伤残根。

(1)种根质量标准

①根重:原种种根 400 g 以上,生产用种种根 100 g 左右。大的种根其单株产量(种量)比小的种根一般要高,但小一些的种根在栽植时可以缩小营养面积,适当增加单位面积株数,以此来提高单位面积的种子产量。

②根头:要求无当年抽薹,根头小,不多头,不空心。

③根体:根型正常,根体直,无大的分叉根,无病虫害。

④外观:根色正常,不萎蔫失水,无冻害,无较重的机械损伤。

(2)种根修削方法

按照种根质量标准入选的甜菜,需要进行认真修削。先轻轻去掉根上的泥土(切勿伤表皮),摘净根头上枯死的叶柄。然后用刀自下向上削去叶柄,以不伤根皮和顶芽为准。削好的种根其根头应是铅笔尖形,叶柄基部呈鱼鳞状。

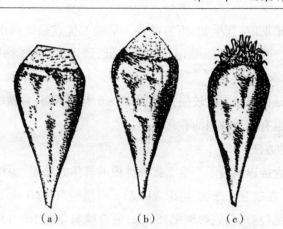

图5-3　种根的修削

(a)修削过度(重),无顶芽;(b)标准修削(修削适度);

(c)修削过轻,叶柄过长、易腐烂

5.7.4　母根入窖及管理

母根起收后,如天气转暖,可将母根修削后集中埋堆,浅盖土,"假贮藏"一段时间,待夜间气温降至0 ℃左右时,再入窖。入窖后,应经常检查窖温变化及母根保管状况,如窖温过高(≥5 ℃),应适当打开通风口,或白天打开,晚上关闭;如果窖温低于0 ℃,应加盖覆盖物或封闭通风口。

5.7.5　早春栽植

栽植密度为每 667 m^2 2800 ~ 3500 株。栽植时,每 667 m^2 施入纯氮15 ~ 20 kg,肥料施入穴内。

(1)种根出窖

甜菜种根应在栽植的当日出窖,随出窖随栽植,以防风吹日晒,萎蔫失水,影响出苗。

(2)栽植时期

一般以当地土壤解冻的深度为准。夏秋播种培育的种根根体较小,土壤能冻深15 cm 左右即可栽植。春播种培育的种根根体较大,土壤能冻深达 20 cm左右方可栽植。

在适宜栽植期内,宜早栽,不宜晚栽。早栽的优点是提高出苗率、抽薹率,种子产量较高。晚栽的缺点是出苗抽薹率低,顽固株、无效株率高,种子产量较低。

主要原因是种根耐冻性较强,即使出现 -6 ℃的低温,栽植的种根也不会冻坏,同时,早栽也有利于种根的春化处理。

(3)栽植的方法

栽植好坏直接影响种子产生。栽植种根的具体方法是:深挖坑,粪拌匀,栽当中,踩实沉。在垄上先挖坑,坑深 20 ~ 25 cm,坑距 50 ~ 60 cm,然后施入种肥,每坑施有机细肥(猪鸡鸭腐熟厩肥)500 g,混合磷氨化肥 10 ~ 15 g(施入坑中跟土拌匀,防止烧根)。随后放种根栽植,栽正踩实。栽时根头要低于地面 3 ~ 5 cm,先踩实根体旁边的土,然后在根头上覆土,使土与地面持平,踩实后再覆一层虚土,以免形成硬盖。

(4)栽植密度

种株的栽植密度对其生长发育和种子产量都有很大的影响。种株营养面积大,单株种子产量一般较高,质量较好。栽植密度应根据土壤条件、施肥量多少、有无灌溉条件和种根大小等情况确定。

(5)杂种优势品种的种根栽植

杂种优势品种的种根栽植与普遍品种相比存在着配置杂交组合的问题,即需要在同一采种地,栽植 2 个或数个不同类型的品种,以便进行充分的杂交。

以多倍体品种为例:同时栽植二倍体品种种根和四倍体品种种根按 1∶3 的比例栽植。

具体做法:"先栽母(四倍体),后栽公(二倍体),不出错,不费工"。先栽四倍体种根,每栽 3 行四倍体种根,留 1 空垄。当把四倍体种根栽定后,在空垄上栽二倍体种根。

5.7.6 采种田管理及收获

(1)查苗补栽

及时检查,对根头露出地面等栽植不合格的种根,及时覆土和重栽。

(2)中耕除草

中耕除草是促进种株生长发育,提高种子产量的重要措施之一。

（3）追肥

追肥是获得种子高产的一项重要措施,追肥以速效性化肥为宜。尿素和过磷酸钙各 30~40 斤/亩。

（4）灌水

甜菜种株生长发育过程中需水量很大,特别是孕蕾开花期间,需要大量水分,要保证种株的充足水分应分期进行灌水。

起垄后秋灌或冬灌,确保春栽种根有适宜的水分。

叶丛期应轮灌一次,提早抽薹,抽壮薹,多分支。

抽薹后期应中灌一次,促进孕蕾。

开花期应灌透水,促进多开花,种球大,种子产量高。

（5）摘尖

种株摘尖应分两期进行:抽薹后期摘主薹尖,开花期摘花枝尖。

摘尖的目的是抑制种株逐渐生长以及花枝无限生长,减少营养消耗,促进侧支充分发育,促进种子饱满,以提高种子产量和质量。

摘尖的方法:

①人工摘尖:在盛花期进行,每个种株至少摘 10 个花枝尖,摘尖长度在 1 cm 以内。

②化学摘尖:在开花期采用 0.01%~0.02% 的青鲜素(马来酰肼)喷洒种株,造成顶端生长受阻,从而达到摘尖的目的。化学摘尖作用全面,而且节省劳动力。

（6）防治虫害

甜菜种株盛花期常有甘蓝夜蛾危害,咬食幼叶和花蕾,造成严重减产,可采用杀虫剂和毒眼蜂进行防治。

（7）拔除无效株

及时拔除采种地中无效株和顽固株,以减少地力消耗,提高通风透光的能力。

5.8 种子取样、检验及保管

(1)种子取样

取样的关键是要取具有代表性的即能代表待检的全部种子。

①收购种子的取样

用取样器取样,20 袋以下者,每袋都要取样;20 袋以上者,取总量的 1/2,上、中、下各部分取全。

所取种子混合拌匀,取出 1 kg 为样品。样品分成两份(装入布袋,标明取样来源),一份作为化验样品,一份作为备查样品。

②仓库种子的取样

用取样器取样,将仓库种子分上、中、下三层取样。所取种子混合拌匀,取出 1 kg 为样品。样品分成两份(装入布袋,标明取样来源),一份作为化验样品,一份作为备查样品。

(2)含水率的检验

甜菜种子含水率是指 100 g 种子含水分的克数。

①烘干法

从样品中随机称取 3~5 g 种子,放入经过烘干的铅盒或玻璃皿中,标准称重后,置于 105 ℃的烘箱中烘烤 3~4 h,取出后迅速置于干燥器内冷却,然后再准确称重。其失去的重量即为水分的重量,按下列公式计算含水率,每份样品重复 2~3 次,取平均值。

$$含水率(\%) = \frac{烘前重量 - 烘后重量}{烘前重量} \times 100\% \qquad (5-1)$$

②水分的测定

目前许多单位采用种子水分测定仪测定水分,方法简便、速度快、结果较准确。

③清洁率的检验

清洁率又称纯净率,指 100 g 种子中,纯净种子重量所占的百分数。

具体做法:

将样品充分搅拌均匀后,准确称取 25 g 种子,用标准筛往复筛 20 次,拍打 1

次,筛出不合格的小种球后,平铺在玻璃上挑出夹杂物(茎秆、叶片、土粒、砂石等),最后称重计算:

$$清洁率(\%) = \frac{纯净种子量}{供检验种子量} \times 100\% \qquad (5-2)$$

④剖仁率的检验

剖仁率是指 100 粒种球中,有种仁(种子)的种球数。

具体做法:

从样品中以四分法随机取出 400 粒种子(即 4 次重复),用钳子逐个将种球夹碎,凡有白色粉状胚乳的种球即视为有种仁,并统计有种仁的种球数。

$$剖仁率(\%) = \frac{有种仁的种球数}{供检验的种球数} \times 100\% \qquad (5-3)$$

⑤发芽率的检验

发芽率是指 100 粒种球中,能发芽的种球数量。

具体做法:

从样品中以四分法取出 300 粒种子(即 3 次重复),分别播于经过消毒的沙皿中(每沙皿播 100 粒,注明种子来源),保持适当湿度,置于温箱中萌发。

种子萌发最好在变温下进行,即每日保持 20 ℃ 16 h,28~30 ℃ 8 h,如此循环变温培养。

3 天后每天检查一次发芽数(发芽的种球在计数后挑除)。

培养 5 天的发芽累计数即为发芽势,10 天的发芽累计数即为发芽率,取 3 次重复的平均数,即为样品发芽率。

当需要检验发芽率的样品较多时,可采用纱布包种子发芽,每包 100 粒(注明种子来源),每样品重复 3 次。

先置于温水(起始温度为 50 ℃ 左右,任其水温自然下降)中浸泡 24 h,取出后排列在磁盘内,每放置一排覆以潮湿锯木末置于温箱中发芽。

发芽率的调查和计算法同上。

⑥千粒重的检验

千粒重是指 1000 粒种球的重量。

从样品中以四分法随机取出 400 粒或 500 粒甜菜种子,4 次重复,分别标重,取其平均数,再换算成千粒重。

（3）种子保管

甜菜种子是有生命的活体,在保管期中仍然会进行着生命活动,只是生命活动强度很低,处于休眠状态。但是,当保管期温度和湿度过高时,种球木质萼有很强的吸湿能力,导致种子含水量提高,呼吸作用加强,从而过多地消耗种子的养分,影响种子播后的萌发强度。同时,呼吸作用强度的增加会放出大量热量,使种子发热生霉而变质。因此,保管好甜菜种子的关键是严格控制保管期间的温度和湿度。种子保管的好坏直接影响到种子的质量和使用年限。

表 5－1　甜菜种子保管年限与甜菜种子发芽率

年限	1	2	3	4	5	6	7	8	9	10
发芽率/%	94.5	85.0	86.5	79.5	78.0	52.0	28.0	18.0	15.0	4.5

利用种子仓库保管甜菜种子是最常用的方法。种子仓库应有通风和调温、调湿设备,以便控制仓库内的温度和湿度,延长种子使用年限。

少量种子的保存可以利用冰柜,将种子的水分降到 5%～7%,然后利用铝箔袋进行密封,放到冰柜中可以保存多年。

附录1　甜菜育种主要指标的检测方法

I　蔗糖测定

I.1　仪器和设备

自动分级机或分级台称(5~10 kg)、取样糊机(或取样电钻和电动取糊机)、洗涤机、电动锯糊机、盛样皿、自动计量加药器(或1/100天平)、称量皿、定量溢流管、浸糖过滤自动线、浸糖瓶、水浴锅、短颈漏斗、滤纸、糖汁滤杯、电热干燥箱、检糖计。

I.2　药品及配制方法

(1)药品

乙酸铅、氧化铅(或碱式乙酸铅)、乙酸、乙醚、盐酸等。

(2)配制方法

①原液配制法:按3份乙酸铅、1份氧化铅、10份水或4份碱式乙酸铅、10份水的比例配制。先将乙酸铅和氧化铅分别研碎,加入适宜的水,分别溶化搅成糊状,然后倒入同一大型瓷缸中,利用蒸汽加热熬至乳白色(也有呈现卡粉色)为止。待冷却至20 ℃时,加足量水拌匀。碱式乙酸铅无须加热可直接配制。过滤后的澄清液即为原液(药液多杂质需过滤),对石蕊试纸呈强碱性反应。原液需提前2~3个月配制好,待其沉淀后备用。

②稀释液配制法:在使用前1~2天配制。用干净的凉开水将原液稀释至40倍左右。如果稀释液混浊,可滴入少量乙酸。使用时若糖汁呈现粉红色,说明稀释液浓度低;若糖汁颜色发暗,说明稀释液浓度高,应调整稀释浓度。

I.3 单株检糖

（1）分级

用甜菜自动分级机或台秤，将同一系号（或品种）的种根（种根数量多的材料，需按1000千株一组，分几组进行）按级（50 g一级）放入分级箱里。

（2）编号

编号卡片一式三份，其中一份浸蜡防腐。按级将种根排列在五格木盘内，依次编号。浸蜡卡片留给种根，其余两份放在取样盘中。编号卡片应一直跟随样品，不能串位和丢失。编完一级再编下一级，随即在单株检糖登记表上记录根重级别和每级种根号码。

（3）取样

检查种根顺序号与取样盘中顺序号相同后，方可取样。将种根无根沟的一面朝上放在取样台上，取样钻与种根成45°，在第一叶痕下面钻取直径为10～15 mm的圆柱形甜菜条。切去甜菜条两端的根皮，在电动磨糊机中锯磨成糊状，或利用甜菜取样糊机直接取出甜菜样糊，装入盛样皿中进行充分搅拌，并除尽未磨成糊状的甜菜碎块。

（4）种根取样后的处理

取样后的种根需立即消毒。消毒剂有两种：一种是用纯草木灰，另一种是将石灰、硫酸铜、水按4∶15∶10的比例制成的石灰糊。用毛刷蘸消毒剂插入取样孔槽，均匀涂在孔槽壁上。然后将浸蜡卡片卷成锥形插入孔中或钉在取样槽壁上。消毒后的种根按编号顺序摆在选根场地，待检糖统计后入选种根。

（5）称量

称量前应将天平调整好。将拌匀的样糊置于称样皿中，在1/100天平上准确称样6.50 g，每一样品称取两份。

（6）加药

向44.25 mL的定量溢流管中加入乙酸铅稀释液，借用药液流将称好的样糊冲入浸糖瓶内。加药时，严防药液洒在瓶外以及样糊粘在瓶壁上，同时将过滤时间记在卡片上。

为了提高称量和加药速度，轻工业部甜菜糖业科学研究所在自动称量加药装置的基础上，成功研制了光电控制比例秤，将这两道工序变为一道工序，变手工操作为电动操作,大大提高了工效,深受生产和科研单位的欢迎。

（7）浸糖和过滤

在 20 ℃ 的室温下,样糊在药液中浸泡 30 min 即可过滤。过滤前,摇动浸糖瓶,使样糊均匀散于药液中,有利样糊糖分的浸出。在浸出和过滤过程中,千万注意卡片不得串位。

浸糖瓶、滤杯等每次用后,须刷洗洁净,烘干待用。

（8）测糖

测糖前应校正好检糖计。过滤后的清亮糖水应立即送进测糖室,在 20 ℃ 的室温下,将糖水倒入 200 mm 长的观测管内测糖,将观察到的读数乘以 2,即得该样品的含糖率。

（9）统计

测糖结果应立即登记在单株检糖登记表上,取其两次分析的平均值。若两次分析的误差超过 0.5%,一般应重新取样分析。根据单株检糖结果统计每一品系（或品种）的平均根重和平均含糖率,并制作相关图。根据相关图作出根重和含糖率的次数分布表与次数分布图。由此可清楚地看出该品系（或品种）根重和含糖率的相关性、变异幅度、分离大小、稳定程度等。

（10）选择

根据育种目标和单株检糖结果,利用相关图进行单株选择。在相关图上入选的甜菜须在单株检糖登记表上查出入选种根的号码,然后在选根场地将种根一一挑选出来,最后分门别类重新堆贮在种根窖的小室内。

表 1　单株检糖登记表

品种名称	根重级别	种根号	天平号	浸糖号	含糖率			意见	品种名称	根重级别	种根号	天平号	浸糖号	含糖率			意见
					I	II	平均							I	II	平均	

Ⅰ.4 混合检糖

混合检糖是将每份样品的 40 株甜菜或试验小区的全部甜菜取其混合样糊进行检糖化验。具体步骤如下：

（1）取样

将样根在甜菜洗涤机中洗刷干净，晾干水分，把每份样品的全部样根逐个通过电动锯糊机根沟向两侧纵向剖开，取其锯糊。充分搅拌均匀，除去未锯成糊状的甜菜碎块，同时随即编号和登记。

（2）称量和加药

将拌匀的样糊在 1/100 天平上称量，每样品称取三份，每份 26 g。用定量溢流管加入 177 mL 乙酸铅稀释液浸泡。

（3）过滤和测糖

将样糊在药液中浸泡 30 min 后过滤，然后用检糖计测糖。

（4）统计

统计三次分析取其平均值。若其中一次误差超过 0.5%，取其余二次平均值。若三次分析的误差均超过 0.5%，需要重新称样分析。

在没有电动锯糊机设备时，可用特制的三角形甜菜礤子，自甜菜无根沟的一面纵向礤至中心，或用快刀将甜菜根纵向切成均等的两瓣，用甜菜礤子礤其切面，礤下来的甜菜丝一般较粗，适宜采用热浸法浸糖。称甜菜丝 26 g，装入 201.5 mL 的定量糖瓶中，再加入 4~7 mL 乙酸铅原液，加热水至刻度，振荡后置于 85 ℃水浴中，瓶内温度维持在 75~80 ℃，30 min 后取出冷却。当温度下降至 20 ℃时，加入几滴乙醚，驱散液体中的气泡。再加水至刻度，然后进行过滤和测糖。

Ⅱ 锤度、糖度和纯度的测定

Ⅱ.1 样品制取

利用混合检糖的剩余样品（需 300 g 左右），用干净滤布包好置于特制的手动压榨机内榨取糖汁，接取中间的糖汁约 100 mL 备用。

Ⅱ.2　锤度测定

常用台式折光计测定压榨汁的锤度。接通折光计恒温水浴电源,保持仪器 20 ℃恒温,用蒸馏水校正零点后测定。吸取 1~2 滴搅拌均匀的压榨汁滴于折光计的棱镜上,迅速关闭棱镜,立即观测镜内明暗分界线的刻度数,此读数即为锤度。每份样品测定三次,取其平均值。每次观测完毕,用酒精棉将镜片擦干净。

Ⅱ.3　纯度测定

(1)样品调制

将已测定锤度后的剩余样品用蒸馏水调整锤度至 14°~16°后供测纯度用。

(2)测定稀释后的锤度

按上述锤度测定法进行测定。

(3)测定糖度

取已调制好的样品约 100 mL,置于干净的三角瓶内,加入2.5~3.5 g 碱性乙酸铅粉,迅速搅拌均匀,浸糖片刻过滤。以最初的滤液洗刷盛器,倒掉后收集滤液。将滤液装入洗刷 2~3 次的 200 mm 的观测管内,置于检糖计中观测旋光度。每份样品测定三次,取其平均值。

(4)糖度计算

$$S\% = \frac{P \times 26}{0.99718 \times 100 \times d\frac{20}{20}}$$

式中:

S——被检糖液的糖度,%;

P——被检糖液的旋光度;

$d\frac{20}{20}$——被检糖液的比重,此值由被测糖液在 20 ℃下的折光锤度查得;

0.99718——1 mL 纯水在 20 ℃时的克数。

(5)计算纯度

$$纯度(\%) = \frac{糖度}{稀释锤度} \times 100\%$$

III 灰分测定

甜菜中所含的钾、钠、钙、镁等不燃烧的无机盐类,统称灰分。

III.1 取样和碳化

在灼烧后并已测知重量的磁坩埚中称取甜菜糊 2 g,加浓硫酸 1 mL,加热碳化。开始用小火加热,然后以强火使其碳化。

III.2 煅烧灰分

将碳化后的样品用喷灯煅烧 1~8 h,至样品呈纯白色或稍带红色而无黑斑为止。

III.3 称重和计算

将煅烧后的灰分样品置于干燥器中冷却至室温后称重,然后计算灰分。

$$硫酸盐灰分(\%) = \frac{(烧后坩埚重 + 残渣重) - 坩埚重}{样品重} \times 100\%$$

$$碳酸盐灰分(\%) = 硫酸盐灰分(\%) \times 0.9$$

影响甜菜灰分的主要成分是钾和钠,因此,现在一般只测定钾和钠的含量。测定钾、钠含量的方法有多种,我们采用检糖化验的糖水,利用火焰光度计进行测定。此方法简便快速,并可以跟甜菜单株检糖结合同时进行。

IV 甜菜中还原糖的测定

IV.1 原理

奥氏试剂滴定法。在沸腾条件下,还原糖与过量奥氏试剂反应生成一定量的 Cu_2O 沉淀,冷却后加入盐酸使溶液呈酸性,并使 Cu_2O 沉淀溶解。然后加入过量碘溶液进行氧化,用硫代硫酸钠溶液滴定过量的碘。

Ⅳ.2 试剂和材料

Ⅳ.2.1 试剂

(1)盐酸(HCL)。

(2)硫酸铜($CuSO_4 \cdot 5H_2O$)。

(3)酒石酸钾钠($C_4H_4O_6KNa \cdot 4H_2O$)。

(4)无水碳酸钠(Na_2CO_3)。

(5)冰乙酸($C_2H_4O_2$)。

(6)磷酸氢二钠($Na_2HPO_4 \cdot 12H_2O$)。

(7)碘化钾(KI)。

(8)乙酸锌[$Zn(CH_3COO)_2 \cdot 2H_2O$]。

(9)亚铁氰化钾[$K_4Fe(CN)_6 \cdot 3H_2O$]。

(10)可溶性淀粉。

(11)粉状碳酸钙($CaCO_6$)。

Ⅳ.2.2 试剂配制

(1)盐酸溶液(6 mol/L):吸取盐酸50 mL,加入已装入30 mL水的烧杯中,慢慢加水稀释至100 mL。

(2)盐酸溶液(1 mol/L):吸取盐酸84 mL,加入已装入200 mL水的烧杯中,慢慢加水稀释至1000 mL。

(3)奥氏试剂:分别称取硫酸铜5 g、酒石酸钾钠300 g、无水碳酸钠10 g、磷酸氢二钠50 g,稀释至1000 mL,用细孔砂芯玻璃漏斗或硅藻土或活性炭过滤,贮于棕色试剂瓶中。

(4)碘化钾溶液(250 g/L):称取碘化钾25 g,溶于水,移入100 mL容量瓶中,用水稀释至刻度,摇匀。

(5)乙酸锌溶液:称取乙酸锌21.9 g,加入冰乙酸3 mL,加水溶解并定容至100 mL。

(6)亚铁氰化钾溶液(106 g/L):称取亚铁氰化钾10.6 g,加水溶解并定容至100 mL。

(7)淀粉指示剂(5 g/L):称取可溶性淀粉 0.5 g,加冷水 10 mL 调匀,边搅拌边注入 90 mL 沸水中,再微沸 2 min,冷却,于使用前制备。

Ⅳ.2.3 标准品

优级纯或以上等级。标准溶液配制如下:

(1)硫代硫酸钠标准滴定储备液[$c(Na_2S_2O_3) = 0.1$ mol/L],也可使用商品化的产品。

(2)硫代硫酸钠标准滴定溶液[$c(Na_2S_2O_3) = 0.0323$ mol/L]。精确吸取硫代硫酸钠标准滴定储备液 32.30 mL,移入 100 mL 容量瓶中,用水稀释至刻度。校正系数按下式计算

$$K = c/0.0323$$

式中:c——硫代硫酸钠标准溶液的浓度,mol/L。

(3)碘溶液标准滴定储备液[$c(I_2) = 0.1$ mol/L],也可使用商品化的产品。

(4)碘标准滴定溶液:[$c(I_2) = 0.01615$ mol/L]。精确吸取碘溶液标准滴定储备液 16.15 mL,移入 100 mL 容量瓶中,用水稀释至刻度。

Ⅳ.3 仪器和设备

(1)天平:感量为 0.1 mg。

(2)水浴锅。

(3)可调温电炉或性能相当的加热器具。

(4)酸式滴定管:25 mL。

Ⅳ.4 分析步骤

Ⅳ.4.1 试样溶液的制备

(1)将备检样品清洗干净。取 100 g(精确至 0.01 g)样品放入高速捣碎机中,用移液管移入 100 mL 水,以不低于 12000 r/min 的转速将其捣成 1∶1 的匀浆。

(2)称取匀浆样品 25 g(精确至 0.001 g),于 500 mL 具塞锥形瓶中(含有机酸较多的试样加粉状碳酸钙 0.5~2.0 g 调至中性),加水调整体积约为

200 mL。置于(80±2)℃水浴保温30 min,其间摇动数次,取出加入乙酸锌溶液5 mL和亚铁氰化钾溶液5 mL,冷却至室温后,转入250 mL容量瓶,用水定容至刻度。摇匀,过滤,澄清试样溶液备用。

(3)Cu_2O沉淀生成

吸取试样溶液20 mL(若样品还原糖含量较高时,可适当减少取样体积,并补加水至20 mL,使试样溶液中还原糖的量不超过20 mg),加入250 mL锥形瓶中。然后加入奥氏试剂50 mL,充分混合,用小漏斗盖上,在电炉上加热,控制在3 min内加热至沸,并继续煮沸5 min,将锥形瓶静置于冷水中冷却至室温。

(4)碘氧化反应

取出锥形瓶,加入冰乙酸1.0 mL,在不断摇动下,准确加入碘标准滴定溶液5~30 mL,其数量以确保碘溶液过量为准。用量筒沿锥形瓶壁快速加入盐酸15 mL,立即盖上小烧杯,放置约2 min,不时摇动溶液。

(5)滴定过量碘

用硫代硫酸钠标准滴定溶液滴定过量的碘,滴定至溶液呈黄绿色出现时,加入淀粉指示剂2 mL,继续滴定溶液至蓝色褪尽为止,记录消耗的硫代硫酸钠标准滴定溶液体积(V_4)。

(6)空白试验

按上述步骤进行空白试验(V_3),除了不加试样溶液外,操作步骤和应用的试剂均与测定时相同。

Ⅳ.4.2　分析结果表述

试样的还原糖含量按下式计算:

$$X = K \times (V_3 - V_4) \times \frac{0.001}{m \times V_5/250} \times 100\%$$

式中:

X——试样中还原糖的含量,g/100 g;

K——硫代硫酸钠标准滴定溶液[$c(Na_2S_2O_3) = 0.0323$ mol/L]校正系数;

V_3——空白试验滴定消耗的硫代硫酸钠标准滴定溶液体积,mL;

V_4——试样溶液消耗的硫代硫酸钠标准滴定溶液体积,mL;

V_5——所取试样溶液的体积,mL;

m ——试样的质量,g;

250——试样浸提稀释后的总体积,mL。

计算结果保留两位有效数字。

Ⅳ.4.3 精密度

在重复性条件下获得的两次独立测定结果的绝对差值不得超过算术平均值的 5%。

Ⅳ.4.4 其他

当称量样为 5 g 时,定量限为 0.25 g/100 g。

V 甜菜中钾、钠、α-氮的测定

V.1 原理

钾、钠在火焰中激发,原子回降至基态时发射的光谱强度与含量成正比。处于基态的 α-氮分子在吸收适当光能后,其价电子从成键分子轨道或非键轨道跃迁到反键分子轨道上去,激发态在返回基态时发射荧光,荧光强度与溶液中发光物质的浓度成正比。

V.2 试剂

除非另有说明,在分析中仅使用分析纯试剂和 GB/T6682 中规定的三级水。

(1)3.17 g/L 硫酸铝浸提液:准确称取 158.500 g 硫酸铝 $[Al_2(SO_4)_3]$ · $18H_2O$,放入 2000 mL 烧杯中,加水搅拌至溶解,移入 2000 mL 容量瓶中定容。移入 (25 ± 1) ℃恒温药箱,添加 48 L 水,使最后的总体积为 50 L。

(2)钾(KCl 0.969 g/L)、钠(NaCl 0.380 g/L)、α-氮(L-谷氨酰胺 1.900 g/L)标准液(简称 100 液):称取 1.900 g/L 谷氨酰胺($C_5H_{10}N_2O_3$)、0.969 g 氯化钾和 0.380 g 氯化钠,用水溶解后移入 1000 mL 容量瓶中定容。

(3)空白液(简称 0 液):称取 1.000 g 硫酸铝,用水溶解后移入 1000 mL 容量瓶中定容,摇匀。

(4)33% 氢氧化钠溶液:称取 330.000 g 氢氧化钠(NaOH)溶于 1000 mL 水中。

(5)A 液:称取 9.500 g 硼砂($Na_2B_4O_7 \cdot 10H_2O$)放入 1000 mL 烧杯中,用 800 mL 水溶解,加入 4 mL 33% 氢氧化钠溶液,混匀,用稀氢氧化钠溶液或盐酸溶液调节 pH 值至 10.3,移入 1000 mL 容量瓶中定容。

(6)B 液:称取 0.150 g 邻苯二甲醛($C_8H_6O_2$)于 5 mL 试管中,用 1 mL 无水乙醇溶解,保存至冰箱备用。

(7)C 试剂:3 - 巯基 - 1,2 - 丙二醇($C_3H_8O_2S$)。

(8)OPT 试剂:将 1000 mL A 液、1 mL B 液和 0.2 mL C 试剂混合均匀。注意:该试剂配制后在(20 ± 2)℃ 条件下只能使用 5 d。

(9)0.150 g/L 硫酸锂溶液:称取 0.150 g 硫酸锂($Li_2SO_4 \cdot H_2O$),用水溶解后加入 2.5 mL 冰乙酸(CH_3COOH),然后移入 1000 mL 容量瓶中定容。

(10)燃烧间断液:称取 0.194 g 氯化钾、0.076 g 氯化钠、3.000 g 硫酸锂放入烧杯中,用水溶解,加入 50 mL 冰乙酸,移入 2000 mL 容量瓶中定容,摇匀。转入 18 L 水中,混匀。

(11)次氯酸钠清洗液:$c(NaClO) = 1.5\%$。

V.3　仪器和设备

(1)甜菜品质自动分析仪。

(2)澄清剂控制箱:控制溶液温度范围 15~35 ℃。

(3)比例分析天平:称量范围 5~40 g,精确度 0.01 g,样品与浸提液比例为 1:(6.821 ± 0.008)。

(4)锯糊机:转速 2800~2900 r/min,锯片直径 250 mm。

(5)浸提待测样品自动流水线装置:浸渍杯搅拌器转速 1400~2000 r/min,总浸渍时间 6~8 min,浸渍杯自动刷洗烘干,浸出滤液数量大于 60 mL。

(6)检糖管:连续流动式检糖管,进出口应靠近管端。长度为(200 ± 0.02)mm,内径为 7~10 mm。

V.4　试样制备

从每批或每份样品中随机选取 20 株符合 GB/T10496 中外观质量要求的甜

菜为一个样品,按标准去掉青头和尾根,清洗干净后,逐株用锯糊机在块根非根沟(块根着生侧根部位)一面的居中处纵向锯沟至根体 1/2 处锯取甜菜糊。将甜菜糊充分混拌均匀,用四分法选取有代表性的样品 150 g 左右,放置在铝碗中备用。

V.5　分析步骤

准确称取已制备好的甜菜糊样品 26 g 左右,置于校准后的天平上,按下工作按钮,此时硫酸铝浸提溶液按比例流入量杯中,将甜菜糊样品完全转入检糖自动流水装置的浸提杯内,再将量杯内的硫酸铝浸提溶液转移至浸提杯内。自动搅拌浸提 6 min 左右,浸提液自动倾入带有滤纸的漏斗内进行过滤,用干净烧杯接取滤液至少 60 mL(如滤液混浊,可滴加 1~2 滴冰乙酸),该澄清试样溶液用于测定钾、钠和 α - 氮含量。

V.6　测定

(1)准备

开机前将仪器的三根吸管分别对应放入 OPT - 试剂、硫酸锂溶液和燃烧间断液中。

(2)校正 0 点

用次氯酸钠清洗液将甜菜品质自动分析仪洗涤至少 2 次,向仪器漏斗内注入不少于 60 mL 空白液,仪器自动校正 0 点,连续校正 3 次,使 0 点测定误差不超过 ±0.1。

(3)校正 100 点

向仪器漏斗内注入不少于 60 mL 的 100 液,仪器自动校正 100 点,连续校正 3 次,使 100 点测定误差不超过 ±0.1。

(4)试样溶液的测定

向仪器漏斗内注入不少于 60 mL 试样溶液,仪器自动测定,并输出测定值。做平行测定 3 次,取后 2 次测定值。

(5)空白试验

操作步骤和应用的试剂与测定样品相同。

V.7 结果的表述

测定数据仪器自动记录并自动计算结果。钾、钠、α – 氮含量均以 mmol/kg 表示,结果保留到小数点后 2 位。

V.8 允许差

(1)钾、钠两次平行试验结果的绝对差值不大于 0.5。

(2)α – 氮两次平行试验结果的绝对差值不大于 0.3。

VI 比色法测定甜菜中的甜菜碱

VI.1 原理

在 pH = 1.0 的条件下,甜菜碱盐酸盐能与雷氏盐生成红色沉淀,离心弃上清液后,其沉淀溶于 70% 丙酮中并呈粉红色,反应液在 525 nm 处出现最大吸收峰。甜菜碱盐酸盐在 0.1 ~ 12.5 mg 时符合比尔定律。

VI.2 主要仪器与设备

(1)紫外 – 可见分光光度计。

(2)离心机:转速高于 10000 r/min。

(3)pH 计。

(4)电子天平:精度值为 0.0001 g。

VI.3 试剂和溶液

除非另有说明,在分析中仅使用分析纯试剂和 GB/T6682 中规定的三级水。本书中所用试剂和溶液的配制,在未注明规格和配制方法时,均应符合 HG/T2843 中的规定。

(1)乙醚溶液[$v(C_2H_2O) = 99\%$]:吸取 1 mL 水加到 99 mL 无水乙醚(C_2H_6O)中。

(2)丙酮溶液[$v(C_3H_6O) = 70\%$]:量取 30 mL 水加到 70 mL 丙酮

（C_3H_6O）中。

（3）甜菜碱标准品（$C_5H_{11}NO_2$）：纯度 >99.99%。

（4）甜菜碱标准溶液（1.5 g/L）：称取 0.1500 g 甜菜碱标准品于 100 mL 烧杯中，加少量蒸馏水搅拌使之溶解，转移至 100 mL 容量瓶中，用蒸馏水定容，可常温保存 1 个月。

（5）雷氏盐：$NH_4Cr(NH_3)_2(SCN)_4H_2O$。

（6）饱和雷氏盐溶液（15 g/L）：称取 1.5000 g 雷氏盐，加入 90 mL 蒸馏水，用浓盐酸调 pH 值至 1.0，于室温下不断搅拌 45 min，抽滤，定容至 100 mL（此溶液需现用现配）。

VI.4 试样的制备

将甜菜块根用清水洗净擦干，去掉根尾及青顶部分，切成片，在烘箱中 80 ℃ 烘干 48 h，然后 60 ℃ 烘干 24 h 左右。待充分干燥后，用粉碎机粉碎，过 60 目筛。

VI.5 分析步骤

（1）试样溶液的制备

称取过 60 目筛甜菜烘干样品 2.0000 g 左右，用约 80 mL 蒸馏水溶解，室温放置 3 h 并不时搅拌、混匀，抽滤，弃残渣。用浓盐酸调 pH 值为 1.0 左右，然后用稀盐酸调 pH 值为（1.0±0.1），抽滤后定容至 100 mL。吸取 3 mL 移入 20 mL 离心管，加盖后在冰箱（4 ℃）存放 15 min，加入雷氏盐溶液 5 mL，加盖后再置入冰箱存放 1 h。取出以 10000 r/min 离心 15 min，弃上清液，加入 99% 的乙醚 5 mL，摇匀，离心同上。让离心管中的乙醚在通风橱中自然挥发至干，备用。

（2）标准曲线的制备

取 6 支试管，编号 1、2、3、4、5、6，分别加入 0.5 mL、0.6 mL、0.7 mL、0.8 mL、0.9 mL、1.0 mL 的甜菜碱标准溶液，再加入 2.5 mL、2.4 mL、2.3 mL、2.2 mL、2.1 mL、2.0 mL 蒸馏水，使最后的总体积为 3 mL，其浓度分别为 0.25 mg/mL、0.30 mg/mL、0.35 mg/mL、0.40 mg/mL、0.45 mg/mL、0.50 mg/mL。在冰箱（4 ℃）中存放 15 min 后分别滴加雷氏盐溶液 5 mL，再置入冰箱中 3 h，取出后以 10000 r/min 离心 15 min，弃上清液，加入 99% 的乙醚溶

液 5 mL,离心同上,自然挥发至干。在 525 nm 处测定吸光度,以吸光度与浓度绘制标准曲线。

(3)甜菜碱含量的测定

在已制备的试样中分别加入 70% 的丙酮溶液 5.0 mL,在 525 nm 处测定吸光度。

VI.6　结果计算

甜菜碱含量以甜菜碱的质量分数 ω 计,数值以百分数表示,按下列公式计算:

$$\omega = \frac{c \times 50 \times 100}{m \times 1000}$$

式中:

c——由标准曲线计算得出的待测试液的甜菜碱浓度的数值,mg/mL;

m——试样的质量,g;

50——试样的稀释倍数。

计算结果保留到小数点后两位。

VI.7　精密度

在重复性条件下获得的两次独立测试结果的绝对差值不大于 0.05%。

VII　甜菜种子活力测定(高温处理法)

VII.1　原理

采用高温(40~45 ℃)和一定湿度可导致甜菜种子快速劣变,高活力种子在一定湿度下经高温处理后能正常发芽,低活力种子则产生不正常幼苗或不出苗。

VII.2　术语和定义

种子活力是决定种子在发芽和出苗期间的活性水平与行为的那些种子特

性的综合表现。田间出苗表现良好的种子称为高活力种子。

VII.3　仪器设备与材料

(1)水浴锅:控温精度 ±0.1 ℃。

(2)光照培养箱:控温范围 10~50 ℃,恒温波动 ±1 ℃。

(3)分析天平:感量 1 mg。

(4)烘干箱:温控范围 50~300 ℃,温控精度 ±1 ℃。

(5)封口机:功率≥500 W。

(6)铝箔袋:厚度 0.05~0.10 mm,尺寸 8.00 cm×12.00 cm。

VII.4　测定步骤

VII.4.1　甜菜包膜种子、丸化种子脱膜

称取送验样品≥50 g用水浸泡4 h,揉搓种子并用水清洗直至完全脱膜。种子自然风干后放置在密闭容器中,应在 5~10 ℃的环境条件下保存待测。

VII.4.2　种子水分测定

称取待测种子5.0 g(精确至1 mg),放入预先烘至恒重的样品盒中称重,烘箱通电预热至 110~115 ℃,将盛有样品的样品盒敞口放置在烘箱内部的上层,迅速关好烘箱门,使烘箱内温度在 5~10 min 内升至(103 ±2)℃时开始计时,烘干8 h。在烘箱内盖好盒盖,取出放入干燥器内冷却至室温,称重。若同一样品两次称重误差不超过 0.2%,其恒重结果可用两次测得的算术平均值表示。否则,重新恒重。

根据烘干后失去的重量计算种子水分:

$$H = \frac{M_2 - M_3}{M_2 - M_1} \times 100\%$$

式中:

H——种子含水率,%;

M_1——样品盒 + 盖的重量,g;

M_2——样品盒 + 盖 + 样品烘干前的重量,g;

M_3——样品盒 + 盖 + 样品烘干后的重量, g。

结果保留至小数点后 1 位。

VII.4.3　水分调整

应调整种子含水率至 24%。称取密闭容器中待测种子 10 g, 根据种子水分测定值计算出需加水量, 调至含水率达 24%, 放入密闭的容器中, 在 10 ℃ 条件下放置 24 h。

VII.4.4　老化处理

从密闭容器中取出调节水分后的种子放入铝箔袋中, 用封机加热密封, 将铝箔袋浸入 45 ℃ 水浴锅中 24 h 后取出, 按照 GB/19176 规定条件和方法进行发芽试验, 记录正常幼苗数, 正常幼苗数可用于表示种子活力。

VII.5　试验数据处理

种子活力值用正常幼苗数的百分数表示, 当 4 次重复发芽试验的百分率在最大容许误差范围内, 采用 4 次重复的平均数表示种子活力的百分率, 公式如下:

$$V = n/N \times 100\%$$

式中:

V——种子活力, %;

n——正常幼苗数, 株;

N——供试种子数, 粒。

计算结果约到最近似的整数。

VII.6　容许误差

同一实验室活力测定试验 4 次重复的最大容许误差按表 2 的规定执行, 同一样品不同实验室活力最大容许误差应按表 3 的规定执行。

表2　同一实验室活力试验4次重复的最大容许误差

(2.5%显著水平的两尾测定)

平均活力/%		最大容许误差
50%以上	50%以下	
99	2	5
98	3	6
97	4	7
96	5	8
95	6	9
93~94	7~8	10
91~92	9~10	11
89~90	1~12	12
87~88	13~14	13
84~86	15~17	14
81~83	18~20	15
78~80	21~23	16
73~77	24~28	17
67~72	29~34	18
56~66	35~45	19
51~55	46~50	20

表3　同一样品不同实验室活力最大容许误差

(2.5%显著水平的两尾测定)

平均活力/%		最大容许误差
50%以上	50%以下	
98~99	2~3	2
95~97	4~6	3
91~94	7~10	4
85~90	11~16	5
77~84	17~24	6
60~76	25~41	7
51~59	42~50	8

VII.7　评定

测定值<50%为低活力种子,50%~80%为中等活力种子,>80%为高活力种子。

VIII　糖用甜菜种子

VIII.1　质量要求

VIII.1.1　糖用甜菜多胚种子

糖用甜菜多胚种了质量应符合表4的最低要求。

表4　糖用甜菜多胚种子质量要求

种子类别			发芽率/%（不低于）	净度/%（不低于）	三倍体率/%（不低于）	水分/%（不高于）	粒径/mm
二倍体	大田用种	原种	80	98.0	—	14.0	≥2.5
		磨光种	80	98.0	—	14.0	≥2.0
		包衣种	90	98.0	—	12.0	2.0~4.5
多倍体	大田用种	原种	70	98.0	—	14.0	≥3.0
		磨光种	75	98.0	45(普通多倍体)或90(雄性不育多倍体)	14.0	≥2.5
		包衣种	85	98.0		12.0	2.5~4.5

Ⅷ.1.2　糖用甜菜单胚种子

糖用甜菜单胚种子质量应符合表5的最低要求。

表5　糖用甜菜单胚种子质量要求

种子类别		单粒率/%（不低于）	发芽率/%（不低于）	净度/%（不低于）	三倍体率/%（不低于）	水分/%（不高于）	粒径/mm
	原种	95	80	98.0	—	12.0	≥2.00
大田用种	磨光种	95	80	98.0	95	12.0	≥2.00
	包衣种	95	90	99.0	95	12.0	≥2.00
	丸化种	95	95	99.0	98	12.0	3.50~4.75

注1：二倍体单胚种子不检三倍体率项目。

注2：本表中三倍体率指雄性不育多倍体品种。

Ⅷ.2　检验方法

Ⅷ.2.1　单粒率检验

从净度分析后的净种子中，用数粒仪或手工随机数取400粒种子，每100

粒为一次重复,观测每一重复中单胚种子的百分数。四次重复百分数的平均数即为单粒率,其结果修约到近似的整数。

Ⅷ.2.2　粒径测定

供粒径测定的送验样品质量至少达到250 g,样品应装入密闭容器内。从净度分析后的净种子中,称取两份试验样品各约50 g,将每个试验样品分别置于规定的套筛(每层筛孔相差0.5 mm,从上到下依次叠放)中,用筛选器筛理3 min;手工筛理方法是往复20次,转变至90°,再往复20次,拍打一下后结束。筛理后将每只筛中的净种子分别称重,保留两位小数。用净种子质量较大的相邻三只筛子的孔径表示种子粒径范围,保留一位小数。

如果三只相邻筛子中的净种子质量之和不小于试验样品质量的70%,并且两个重复测定结果的差值不高于5%,则测定结果用两份试验样品的平均数表示。否则,须再分析约50 g的样品,直至有两份试样的测定结果达到要求,并以该两份试样的测定结果的平均值作为测定结果。

Ⅸ　发芽试验

采用盒式皱褶纸纸间法。

Ⅸ.1　仪器、用具和试剂

数粒仪;发芽盒(规格为200 mm×110 mm×75 mm);发芽皱褶纸(每平方米质量为70~90 g,吸水率为220%~250%);发芽箱或发芽室;次氯酸钠;福美双;等。

Ⅸ.2　试验程序

Ⅸ.2.1　取样

从经过充分混合的净种子中,用数粒仪或手工随机数取400粒种子。注意不能挑选种子,以避免结果产生偏差。通常以100粒为一次重复,重复四次。

IX.2.2　种子冲洗

将供检种子样品放在网丝袋里,用 20~25 ℃水冲洗(多胚种 2 h,单胚种 4 h)。

IX.2.3　种子消毒

把冲洗好的种子放入 0.3%~0.5% 的福美双溶液中浸种 10 min。

IX.2.4　种子风干

在室温、通风条件下进行种子风干。多胚种风干 10~30 min,单胚种风干 1 h。

IX.2.5　发芽盒消毒

发芽盒使用前置于 0.1% 的次氯酸钠水溶液中浸泡 3~5 min,然后用清水洗净晾干。

IX.2.6　装盒方法

先将覆盖纸铺在发芽盒底层,再将发芽皱褶纸展开放在覆盖纸上。然后用定量喷雾器将 32~34 mL(单胚种 30~32 mL)蒸馏水均匀喷洒在发芽纸上。最后在每个皱褶内放两粒种子,间距要均匀,相邻皱褶间种子位置要错开,每盒装 100 粒种子。盖覆盖纸,盖严盒盖,套上塑料袋,置入发芽箱(室)内的发芽架上。

IX.2.7　发芽温度

采用恒温进行发芽,发芽箱(室)的发芽温度在发芽期间应尽可能一致。规定温度在 23~25 ℃。

IX.2.8　发芽光照

在有光照条件下进行,光照强度为 1000~1500 Lux,光照时间为 8 h。

Ⅸ.2.9 试验持续时间

试验持续时间为 10 d。初次计数时间为 4 d,末次计数时间为 10 d。均以正常幼苗数计算。

Ⅸ.2.10 幼苗鉴定

每株幼苗都必须按规定的标准进行鉴定。鉴定要在幼苗主要结构已发育到一定时期时进行。在计数过程中,发育良好的正常幼苗应从发芽皱褶纸中捡出,对可疑的或损伤、畸形或不均衡的幼苗,通常列到末次计数。严重腐烂的幼苗或发霉的种子应从发芽皱褶纸中除去,并随时计数。

(1)正常幼苗

完整幼苗、带有轻微缺陷或次生感染的幼苗均为正常幼苗。鉴定正常幼苗的具体标准如下。

(2)完整幼苗

幼苗主要构造生长良好、完全、均匀和健康。

①细长的初生根通常长满根毛,末端细尖。

②具有一个直立、细长并有伸长能力的下胚轴。

③具有两片展开呈叶状的绿色子叶。

(3)带有轻微缺陷的幼苗

幼苗主要构造出现某种轻微缺陷,但在其他方面能均衡生长,并与同一试验中的完整幼苗相当。

(4)次生感染的幼苗

由真菌或细菌感染引起,使幼苗主要构造发病和腐烂,但有证据表明病源不来自种子本身。

(5)不正常幼苗

整个幼苗畸形;断裂;子叶比根先长出;两株幼苗连在一起;黄化或白化;纤细;水肿状;由初生根感染所引起的腐烂。

Ⅸ.3 重新试验

当试验出现下列情况时,应重新试验。

（1）当发现试验条件、幼苗鉴定或计数有差错时，应采用同样方法进行重新试验。

（2）当发芽试验的四次重复间的差距超过表2的最大容许差距时，应采用同样方法进行重新试验。如果重新试验与第一次结果相符合，其差距不超过表3的最大容许差距时，则将两次试验的平均数填报在结果单上；如果重新试验与第一次结果不相符合，其差距超过表3所示的最大容许差距时，则采用同样方法进行第三次试验，直至有两次试验的结果相一致为止，并将该两次试验的平均数填报在结果单上。

（3）如遇停电，发芽箱（室）不能维持种子发芽所需的条件要求时，该批试样应重新试验。

IX.4 结果计算和表示

试验结果以粒数的百分率表示。当一个试验的四次重复的正常幼苗百分率都在最大容许差距内，则用其平均数表示发芽百分率。正常幼苗、不正常幼苗和未发芽种子的百分数总和必须为100，平均数百分率约到近似的整数。填报发芽结果时，若其中任何一次结果为零，则将符号" –0~"填入该格中。

$$发芽率 = \frac{发芽终期全部正常幼苗种球数}{供试种球数} \times 100\%$$

IX.5 容许误差

同一发芽试验四次重复间的容许误差按表3执行；同一或不同实验室来自相同或不同送验样品间发芽试验的容许误差按表3执行；在抽检、统检、仲裁检验、定期检查时，发芽试验的容许误差按表6执行，规定值指质量标准、合同、标签等规定的技术指标。

表6　发芽试验与规定值比较的容许误差

(5% 显著水平的一尾测定)

标准规定发芽率/%		容许误差
50% 以上	50% 以下	
99	2	1
96 ~ 98	3 ~ 5	2
92 ~ 95	6 ~ 9	3
87 ~ 91	10 ~ 14	4
80 ~ 86	15 ~ 21	5
71 ~ 79	22 ~ 30	6
58 ~ 70	31 ~ 43	7
51 ~ 57	44 ~ 50	8

附录 2　甜菜常见病虫害的防治办法

Ⅰ　褐斑病防治办法

Ⅰ.1　农业防治

（1）品种选择：选用抗（耐）病品种。

（2）轮作：避免重迎茬，实行 4 年以上轮作。

（3）清理田园：前茬作物收获后，及时清理病残体和田间周围杂草。

（4）合理施肥：增施腐熟有机肥 2000～3000 kg/667 m^2，或施用生物有机肥 200～300 kg/667 m^2。

Ⅰ.2　化学防治

（1）防治时期

田间零星发病或出现中心病株时开始进行防治。发病率达到 5% 以上进行大面积联合防治。根据发病及防治效果确定第二次防治时间，一般间隔 7～10 d。

（2）防治方式

使用常规喷雾药械或无人机进行防治。

（3）防治药剂选择及用量

40% 氟硅唑乳油 4～8 mL/667 m^2，或 10% 苯醚甲环唑水分散粒剂 25～30 g/667 m^2，或 45% 三苯基乙酸锡可湿性粉剂 60～70 g/667 m^2，或 30% 苯醚甲环唑 – 丙环唑 30 mL/667m^2。常规喷雾药械对水 30～45 L/667 m^2，无人机兑水 1～2 L/667m^2。

（4）用药原则

①在甜菜一个生长季节每种药剂只用1次,减少抗药性菌株出现。

②三唑类药剂间隔15～21 d,其他药剂间隔7～10 d。

③药剂的选择上应遵循高效、低毒、低残留、环境友好的原则。

（5）注意事项

①喷施时间为晴天无风或微风的早晨或傍晚,且近两天无雨。

②要严格按照药剂说明书剂量喷施,避免对甜菜及后茬作物产生药害。

③喷施褐斑病防治药剂机车作业车速6000～8000 m/h,风速4 m/s以下;无人机喷药速度4 m/s,高度控制在1.5 m以上。

④喷施药剂时要穿防护服,戴口罩、手套等;作业结束后要及时清洗脸和手等部位。

Ⅱ　甜菜主要虫害综合防治技术

Ⅱ.1　苗期主要虫害及防治

Ⅱ.1.1　主要虫害

（1）地上主要虫害

甜菜象甲和跳甲类等。

（2）地下主要虫害

蛴螬、地老虎和根蛆等。

Ⅱ.1.2　防治措施

（1）农业防治

①清洁田园

前茬作物收获后,及时清理寄主和田间杂草。

②深翻

秋深翻25 cm以上。

Ⅱ.1.3　化学防治

（1）地下虫害防治

①播前防治

3% 辛硫磷颗粒剂 1.5 ~ 3 kg/667 m²，或 10% 毒死蜱颗粒剂 1.5 ~ 2 kg/667 m²，或 10% 二嗪磷颗粒剂 0.2 ~ 0.25 kg/667 m²，或 8% 毒辛颗粒剂 2 ~ 3 kg/667 m²。撒施旋耕。

②苗期防治

幼虫 3 龄前，用 4.5% 高效氯氰菊酯乳油 50 mL/667 m² + 有机硅 3 g，对水 15 ~ 30 L 夜间地面喷施。苗期发现危害严重，结合滴灌将 500 mL/667 m² 48% 毒死蜱稀释后随水流施用。

（2）地上虫害防治

幼苗期田间发现象甲和跳甲类危害甜菜叶片的害虫需及时进行防治。用 4.5% 高效氯氰菊酯乳油 25 mL/667 m² 或 22% 噻虫·高氯氟悬浮剂 20 mL/667 m²，对水 15 ~ 30 L。

Ⅱ.2　生长中后期主要虫害及防治

Ⅱ.2.1　主要虫害

甘蓝夜蛾和草地螟等。

Ⅱ.2.2　防治时期

成虫盛期后 20 d，产卵 90% 孵化，幼虫在 2 ~ 3 龄关键时期进行药剂防治。

Ⅱ.2.3　防治指标

甘蓝夜蛾越冬蛹 0.5 头/m² 以上，或幼虫 2 ~ 5 头/株；草地螟幼虫 20 头/m² 以上。需要进行药剂防治。

Ⅱ.2.4　农业防治

清洁田园，及时中耕除草灭卵；设置杀虫隔离带或杀虫沟。

Ⅱ.2.5　物理防治

选用频振式杀虫灯诱杀高峰期成虫,减少虫源基数:每盏灯控制 40000 m^2,高度以灯底高出周围主要作物顶部 20 cm 为宜。

Ⅱ.2.6　化学防治

(1)药剂选择及用量

5%顺式氰戊菊酯乳油 20 ~ 25 mL/667 m^2,或 2.5%溴氰菊酯 25 mL/667 m^2,或 4.5%高效氟氯氰菊酯乳油 20 ~ 30 mL/667 m^2,或 2.5%高效氯氟氰菊酯乳油 10 ~ 15 mL/667 m^2,或 20%高氯·马 50 ~ 60 mL/667 m^2,或 8%阿维氯 30 mL/667 m^2,或 5%氯虫苯甲酰胺 15 ~ 30 g/667 m^2,或 20%氟虫双酰胺 10 ~ 15 g/667 m^2。对水 15 ~ 30 L 喷施。

(2)用药原则

虫害防治药剂的选择上应遵循高效、低毒、低残留、环境友好的原则。

(3)注意事项

①喷施时间为晴天无风或微风的早晨或傍晚,且近两天无雨。

②要严格按照药剂说明书剂量喷施,避免对甜菜及后茬作物产生药害。

③喷施药剂机车作业车速 6000 ~ 8000 m/h,风速 4 m/s 以下。

④喷施药剂时要穿防护服,戴口罩、手套等;作业结束后要及时清洗脸和手等部位。

附录3 甜菜 DUS 测试及品种试验规范

I 农作物品种试验规范甜菜

A

A.1 范围

本文件规定了甜菜品种试验方法和试验总结报告编制等内容。

本文件适用于甜菜品种登记等工作。

A.2 规范性引用文件

下列文件中的内容通过文中的规范性引用而构成本文件必不可少的条款。其中,注日期的引用文件,仅该日期对应的版本适用于本文件;不注日期的引用文件,其最新版本(包括所有的修改单)适用于本文件。

GB19176—2003 糖用甜菜种子

GB/T 10496—2002 糖料甜菜

NY/ T1750—2009 甜菜丛根病的检验 酶联免疫法

NY/ T2482—2013 植物新品种特异性、一致性和稳定性测试指南 糖用甜菜

A.3 术语和定义

下列术语和定义适用于本标准。

A.3.1

甜菜遗传单胚种　genetic monogerm seed

又称单粒种、单果种、单芽种,通过遗传获得的种球内只含有一个种胚的甜菜种子。

A.3.2

甜菜复胚种　multigerm seed
又称多粒种、多胚种,种球内含有二个以上(包括二个)种胚的甜菜种子。

A.3.3

甜菜单胚率　percentage monogerm seed
在甜菜试验样品中,实测单胚种子粒数占供检种子粒数的百分数。

A.4　品种试验

A.4.1　试验点的选择与布局

按照"试验点数量与布局能够代表拟种植的适宜区域"原则,根据甜菜生长特点,应在拟推广的同一生态区选择不少于 3 个试验点。试验点应能代表所属生态类型区的气候、土壤、栽培条件和生产水平。试验点应选择前茬一致、地势平坦、土壤肥力中等以上、地力均匀、具有排灌能力、有代表性的田块,甜菜试验地不能选重茬、迎茬地块,不应选用上年施用过对甜菜敏感(有危害作用)的除草剂,且除草剂尚在残留期的地块。

A.4.2　试验周期

试验周期不少于 2 个生产周期。

A.4.3　对照品种

选择试验区域内已经登记的主栽品种作为对照品种。对于甜菜单胚品种,应选择同类品种作为对照,且单胚率应达到 90% 以上。

A.4.4　试验设计

试验品种数量不应超过 16 个(包括对照品种),采用完全随机区组设计,不少于 3 次重复,区组设计遵循小区间最小环境差异原则,甜菜试验小区面积不少于 10 m^2,行数不少于 2 行,行距 40~65 cm。试验区四周设置保护行。

A.4.5　田间管理

A.4.5.1　播前准备

试验地应根据当地气候条件和土壤水分状况进行精细整地,使地面平整细碎适于播种。

A.4.5.2　适时播种

播种时间应按当地适宜播种时间进行,一个试验应保证在一天内完成播种。

A.4.5.3　日常管理

管理水平应相当于当地中等生产水平,及时施肥、除草、排灌。在进行田间操作时,在同一试验点的同一组别中,同一项技术措施应在同一天内完成,至少应保证同一重复内的同一管理措施在同一天内完成。试验过程中应防止人畜和自然灾害对试验的危害。全生育期防虫不防病。

A.4.5.4　收获

不同种植区域或同一区域的不同地块,由于气候、土壤、栽培技术等条件的不同收获期也不同。具体收获时间应根据实际情况适时收获。

A.4.6　调查内容和记载标准

客观描述品种形态特征、生物学特性、产量、品质、抗病性、抗逆性等。记载项目与标准应符合附录 A 和附录 B 的规定。

种植过程中,对品种主要农艺性状进行拍照,留存品种表现数据。品种标准图片要求:甜菜品种应包括种子、叶丛繁茂期以及成熟期块根单株的实物彩色照片,具体按照非主要农作物品种登记指南有关要求执行。

A.4.7 相关鉴定与检测

A.4.7.1 品质检测

甜菜品种的含糖量测定方法应符合附录 A 和附录 B 的规定。

A.4.7.2 抗病性鉴定

甜菜品种的根腐病、褐斑病、丛根病,以及其他区域重要病害的抗性鉴定,应符合附录 A 和附录 B 的规定。

A.4.7.3 转基因成分检测

对糖料品种是否含有转基因成分进行检测。检测方法按农业农村部公告的转基因植物及其产品成分检测的规定执行。

A.4.8 试验总结

试验结束后,对试验数据进行统计分析,对试验品种产量、品质及抗逆性做出综合评价,并总结主要栽培技术要点。

B

(规范性)

甜菜品种试验调查项目与记载标准

B.1 基本情况

B.1.1 试验地概况

主要包括地点、面积、经纬度、海拔高度、地形、坡向、坡度、土壤类型、生态类型区等。

B.1.2 试验地气象资料

主要包括平均气温、日照时数、年降水量、无霜期、极端最低温度以及灾害性天气等。

B.1.3 试验地布局

主要包括参试品种数量、胚型、对照品种、小区排列方式、重复次数、种植密度、小区面积等。

B.1.4 栽培管理

播种方式和方法、前茬、耕整地方式、施肥、中耕除草、灌排水、虫草害防治等,同时做好自然灾害及植株生长发育的特殊改变等情况的记录。

B.2 调查内容和记载标准

B.2.1 播种期

即实际播种日期。以月/日表示。

B.2.2 出苗期

子叶出土、展开与地面平行为出苗,出苗达90%为出苗期。以月/日表示。

B.2.3 出苗率

整体出苗后,以出苗穴数与播种穴数的百分数表示。

B.2.4 出苗整齐度及苗势

以出苗整齐程度及幼苗生长整齐程度,按5分制表示出苗整齐度;以出苗后幼苗植株强弱,按5分制表示苗势。

B.2.5 生长势

苗期、叶丛繁茂期、开垄时期分前、中、后三次,以目测法调查各品种的生长势,按 5 分制表示。

B.2.6 株高

叶丛繁茂期调查,分高、中、低。

B.2.7 叶丛姿态

叶丛繁茂期调查,按直立、半直立、平展记载。

B.2.8 叶柄

叶丛繁茂期调查,分长、中、短。

B.2.9 叶片形状

叶丛繁茂期调查,分窄卵形、心形、舌形。

B.2.10 叶色深浅

叶丛繁茂期调查,分浅绿、绿、深绿。

B.2.11 保苗率

在生育前期调查,实际成苗株数与理论保苗株数比,以百分率表示。

B.2.12 抽薹率

在生育中后期调查,块根发生抽薹的株数与保苗株数比,以百分率表示。

B.2.13 根型

起收后目测,分圆锥形、纺锤形、楔形。

B.2.14 根头大小

起收后,目测块根叶痕部分占整个块根的比例,分大、中、小。

B.2.15 根沟深度

起收后,目测块根根沟,分深、中、浅。

B.2.16 块根整齐度

起收后,按小区内该品种块根均匀、一致性,以5分制表示。

B.3 病害观测项目及记载标准

主要调查褐斑病、黄化病、丛根病、根腐病、白粉病。

B.3.1 褐斑病

统计病株率,严重度按6级记载。

0级:无病或少数植株有少数褐斑病病斑。

1级:多数植株有少数褐斑病病斑或少数植株有多数褐斑病病斑。

2级:多数植株有多数褐斑病病斑,四分之一以下外叶因病枯死。

3级:多数植株有多数褐斑病病斑,四分之一至四分之二外叶因病枯死。

4级:多数植株有多数褐斑病病斑,四分之二至四分之三外叶因病枯死。

5级:全区组内除心叶外绝大部分植株叶片因病枯死。

依据褐斑病病害分级划分抗病类型,病级0级,免疫;0<病级≤1,高抗;1<病级≤2,抗病;2<病级≤3,中抗;3<病级≤4,感病;4<病级≤5,高感。

B.3.2 黄化病

统计病株率,严重度按4级记载。

0级:全区内植株无病。

1级:全区内有少数植株发病,仅在少数叶片的叶尖和叶缘有明显褪绿黄化块斑。

2级:全区内有多数植株发病,多数叶片有明显黄化块斑(病斑占整个叶片面积二分之一以下)。

3级:全区内有多数植株发病,多数叶片整叶黄化(病斑占整个叶片面积二分之一以上),后期在叶片上出现灰黑色病斑。

B.3.3 丛根病

在生育中期,根据叶丛表现的症状按6级记载,调查记载、计算丛根病病情指数。

B.3.3.1 病株 6 级分级标准

0 级:不表现任何症状。

1 级:叶丛轻微褪绿、黄脉、焦枯或混合症状,植株无明显矮化现象。

2 级:叶丛明显褪绿、黄脉、焦枯或混合症状,植株轻度矮化。

3 级:叶丛明显褪绿、黄脉、焦枯或混合症状,植株明显矮化。

4 级:叶丛严重褪绿、黄脉、焦枯或混合症状,少数叶片枯死,植株严重矮化。

5 级:叶丛严重褪绿、黄脉、焦枯或混合症状,多数叶片枯死,植株极度矮化或死亡。

B.3.3.2 丛根病罹病率和病情指数计算

$$MD = \frac{D}{N} \times 100\%$$

$$DI = \frac{\sum (i \times Ni)}{N \times 5} \times 100\%$$

式中:

MD——丛根病罹病率,%;

D——丛根病罹病总株数;

N——调查总株数;

DI——丛根病病情指数,%;

i——丛根病病级;

N_i——某一病级丛根病罹病株数。

依据丛根病病情指数划分抗病类型,$DI = 0$,免疫;$0 < DI < 10$,高抗;$10 \leqslant DI < 20$,抗病;$20 \leqslant DI < 30$,中抗;$30 \leqslant DI < 50$,感病;$50 \leqslant DI$ 高感。

B.3.4 根腐病

在甜菜块根收获期,根据块根表现的症状按 5 级记载,调查记载、计算根腐病罹病率和病情指数。

B.3.4.1　病株 5 级分级标准

0 级:块根表皮完好,没有病斑。

1 级:根表组织或根头有浅表病斑,维管束呈现褐变。

2 级:块根有部分腐烂,腐烂面积占根体面积达 10% 以下,维管束呈现深褐色。

3 级:甜菜块根腐烂部分占块根的 10%~30%。

4 级:根体腐烂部分占块根的 30% 以上,或全株因根腐病死亡。

B.3.4.2　根腐病罹病率和病情指数计算

$$MD = \frac{D}{N} \times 100\%$$

$$DI = \frac{\sum (i \times N_i)}{N \times 4} \times 100\%$$

式中:

MD——甜菜根腐病罹病率,%;

D——甜菜根腐病罹病总株数;

N——调查总株数;

DI——甜菜根腐病病情指数,%;

i——甜菜根腐病病级;

N_i——某一病级根腐病罹病株数。

依据根腐病罹病率划分抗病类型,$0 < MD < 10$,高抗;$10 \leqslant MD < 20$,抗病;$20 \leqslant MD < 30$,中抗;$30 \leqslant MD < 50$,感病;$50 \leqslant MD$,高感。

B.3.5　白粉病

统计病株率,严重度按 5 级记载。

0 级:全区内植株无病。

1 级:全区内有少数植株发病,少数叶片白粉病病斑面积占整个叶片面积十分之一以下。

2 级:全区内有多数植株发病,多数叶片白粉病病斑面积占整个叶片面积四分之一以下。

　　3 级:全区内有多数植株发病,多数叶片白粉病病斑面积占整个叶片面积四分之一以上至四分之二以下。

　　4 级:全区内有多数植株发病,多数叶片白粉病病斑面积占整个叶片面积四分之二以上,后期在叶片上出现灰黑色霉层。

B.4　收获与检糖记载

B.4.1　收获日期

　　各区域根据当地实际情况适时收获的时间。以日/月表示。

B.4.2　修削方法

　　修削方法按 GB/T 10496—2002 执行。

B.4.3　计产方法

　　试验小区每个品种全小区取样称重计产。保苗率低于 70% 按缺区处理。根据试验小区面积折算参试品种块根亩产量、产糖量。

$$SY = Y \times Z°$$

式中:

　　SY——单位面积甜菜产糖量,kg/667 m^2;

　　Y——单位面积甜菜块根产量,kg/667 m^2;

　　$Z°$——甜菜含糖率,%(°)。

B.4.4　检糖

　　在收获后及时对样品进行检测,每小区选择中间 2 行起收的全部株或 2 行试验区取中间 5 延长米起收的全部株测定含糖率。

C

（资料性）

甜菜品种试验报告格式

C.1　概述

本文件给出了《甜菜品种试验报告》格式。

C.2　报告格式

C.2.1　封面

甜菜品种试验报告

（起止时间：　　年　月—　　年　月）

试验地点：

承担单位（盖章）：

技术负责人：

试验执行人：

通讯地址：

邮政编码：

联系电话：

电子邮箱：

C.2.2　地理和气象资料

C.2.2.1　地理数据

生态类型：纬度（°′″），经度（°′″），海拔高度（m）。

C.2.2.2　气象数据

年日照时数，年平均气温（℃），最高气温（℃），最低气温（℃），年降水量

(mm),无霜期,坡度(°),坡向。

C.2.3　试验基本情况

C.2.3.1　试验地布置

参试品种个数,小区长(m)、宽(m),小区种植面积(m²),行株距,密度(株/亩)。

对照品种,排列,重复次。

前茬作物,收获期(月、日)。

土壤类型、耕地和整地方式。

C.2.3.2　栽培管理

播种期(月、日),播种方式和方法,定苗期(月、日),种肥(种类、数量、施用时间及方法),基肥(种类、数量、质量、施用时间及方法),追肥(次数、时间、肥料名称、数量),灌溉情况(时间、次数),防虫(次),喷药(种类、浓度、时间),收获期(月、日),生长天数。

C.2.3.3　参试品种

参试品种信息汇总表见表1。

表1　参试品种信息汇总表

序号	品种名称	选育方式	亲本来源	胚型	选育单位
1					
2					
3					
4					
5					

C.2.3.4　品种排列图

C.2.3.5　栽培方法

　　描述参试品种和对照品种的种植时间,试验期内的苗期和生产周期内的栽培管理措施,以及试验观察、记录方法等。

C.2.4　试验结果

C.2.4.1　田间调查记载

　　田间调查记载表见表2到表6。

表2　物候期调查表

项目名称	播种期日/月	出苗期日/月	出苗率/%	出苗整齐度	苗势	保苗率/%	抽薹率/%	变异率/%	收获期日/月	生长势		
										苗期	叶丛繁茂期	开垄时期

表3　性状描述调查表

项目名称	叶					块根			
	叶丛姿态	叶柄长短	叶片形状	叶色深浅	株高	块根根型	根头大小	块根整齐度	根沟深浅

表4   病害调查表

项目名称	褐斑病（级）	黄化病（级）	丛根病		根腐病罹病率/%	白粉病（级）
			罹病率/%	病级（0~5级）		

注：病圃鉴定试验点，丛根病调查病情指数。

表5   产量及含糖情况表

品种名称	小区产量/kg	折算亩产/kg	含糖率/%

试验小区面积：m^2。

C.2.4.2   各参试品种综合评价

包括农艺性状、经济性状、抗病抗逆性状、块根产量、含糖率、存在问题等。

C.2.5   对下年度试验工作的意见和建议

II   糖用甜菜品种特异性、一致性和稳定性测试指南

II.1   范围

本标准规定了糖用甜菜品种特异性、一致性和稳定性测试的技术要求和结果判定的一般原则。

本标准适用于糖用甜菜。

II.2   规范性引用文件

下列文件对于本文件的应用是必不可少的。凡是注日期的引用文件，仅注

日期的版本适用于本文件。凡是不注日期的引用文件,其最新版本(包括所有的修改单)适用于本文件。

GB/T 10496—2002 糖用甜菜

GB19176—2003 糖用甜菜种子

GB/T 19557.1—2004 植物新品种特异性、一致性和稳定性测试指南 总则

Ⅱ.3 术语和定义

GB/T 19557.1—2004 界定的以及下列术语和定义适用于本标准。

(1)群体测量:对一批植株或植株的某器官或部位进行测量,获得一个群体记录。

(2)个体测量:对一批植株或植株的某器官或部位进行逐个测量,获得一组个体记录。

(3)群体目测:对一批植株或植株的某器官或部位进行目测,获得一个群体记录。

(4)个体目测:对一批植株或植株的某器官或部位进行逐个目测,获得一组个体记录。

Ⅱ.4 符号

下列符号适用于本标准:

(1)MG:群体测量。

(2)MS:个体测量。

(3)VG:群体目测。

(4)VS:个体目测。

(5)QL:质量性状。

(6)QN:数量性状。

(7)PQ:假质量性状。

Ⅱ.5 繁殖材料的要求

(1)繁殖材料以种子形式提供。

(2)提交的种子数量至少为1000 g。

（3）提交的繁殖材料应符合 GB19176—2003 中对单粒率、发芽率、净度、水分、三倍体率及粒径的规定,种子要求外观健康、活力高、无病虫侵害。

（4）提交的繁殖材料一般不进行任何影响品种性状正常表达的处理（如种子包衣处理）。如果已处理,应提供处理的详细说明。

（5）提交的繁殖材料应符合中国植物检疫的有关规定。

Ⅱ.6　测试方法

Ⅱ.6.1　测试周期

测试周期至少为两个独立的生长周期（从播种至块根成熟）。

Ⅱ.6.2　测试地点

测试通常在一个地点进行。如果某些性状在该地点不能充分表达,可在其他符合条件的地点对其进行观测。

Ⅱ.6.3　田间试验

（1）试验设计

申请品种和近似品种相邻种植,并与标准品种种在同一地块里。

以穴播方式种植,每个小区不少于 100 株,小区至少设 4 行,株距 25 ~ 30 cm,行距 65 ~ 70 cm,共设 2 个重复。

（2）田间管理

可按当地大田生产管理方式进行。

Ⅱ.6.4　性状观测

（1）观测时期

性状观测应按照附录中列出的生育阶段进行。附录 B 对这些生育阶段进行了解释。

（2）观测方法

按照附录 A 中规定的观测方法（VG、VS、MG、MS）进行。

（3）观测数量

除非另有说明,个体观测性状(VS、MS)植株取样数量不少于60个,在观测植株的器官或部位时,每个植株取样数量应为1个。群体观测性状(VG、MG)应观测整个小区或规定大小的混合样本。

Ⅱ.6.5　附加测试

必要时,可选用本标准未列出的性状进行附加测试。

Ⅱ.7　特异性、一致性和稳定性的判定

Ⅱ.7.1　总体原则

特异性、一致性和稳定性的判定按照 GB/T 19557.1—2004 确定的原则进行。

Ⅱ.7.2　特异性的判定

申请品种应明显区别于所有已知品种。在测试中,当申请品种至少在一个性状上与近似品种具有明显且可重现的差异时,即可判定申请品种具备特异性。

Ⅱ.7.3　一致性的判定

对于自交系和单交种,一致性判定时,采用3%的群体标准和至少95%的接受概率。当样本大小为100株时,最多可以允许有6个异型株。

对于三交种、双交种、开放授粉品种,判定一致性时,品种的变异程度不能显著超过同类型品种。

Ⅱ.7.4　稳定性的判定

如果一个品种具备一致性,则可认为该品种具备稳定性。一般不对稳定性进行测试。

必要时,杂交种的稳定性判定,除直接对杂交种本身进行测试外,还可以通过对其亲本系的一致性和稳定性鉴定的方法进行判定。

Ⅱ.8　性状表

Ⅱ.8.1　概述

性状表列出了性状名称、表达类型、表达状态、相应的代码、标准品种、观测时期和方法等内容。

Ⅱ.8.2　表达类型

根据性状表达方式,将性状分为质量性状、假质量性状和数量性状三种类型。

Ⅱ.8.3　表达状态和相应代码

(1)每个性状划分为一系列表达状态,为便于定义性状和规范描述,每个表达状态赋予一个相应的数字代码,以便于数据记录、处理和品种描述的建立与交流。

(2)对于质量性状和假质量性状,所有的表达状态都应当在测试指南中列出;对于数量性状,为了缩小性状表的长度,偶数代码的表达状态可以不列出,偶数代码的表达状态可描述为前一个表达状态到后一个表达状态的形式。

Ⅱ.8.4　标准品种

性状表中列出了部分性状有关表达状态相应的标准品种,以助于确定相关性状的不同表达状态和校正年份、地点引起的差异。

Ⅱ.9　分组性状

本标准中,品种分组性状如下:

(a)胚性(性状1)。

(b)倍性(性状3)。

Ⅱ.10　技术问卷

申请人应按附录 C 格式填写糖用甜菜技术问卷。

（规范性附录）

糖用甜菜性状表

A.1 糖用甜菜基本性状

表1 糖用甜菜基本性状表

序号	性状	观察时期和方法	表达状态	标准品种1（多粒）	标准品种2（单粒）	代码
1	胚性 QL （+）	0 VG	单胚		内甜单1	1
			双胚			2
			多胚	甜研309		3
2	幼苗:子叶下胚轴 花青甙显色 QL （+）	10 VG	无			1
			有	新甜18号	甜单305	9
3	倍性 QL （+）	12 MS	二倍体	中甜207	内甜单1	2
			三倍体	甜研309	甜单305	3
			四倍体			4
			多倍体			5
4	叶:姿态 QN （+）	22 VG	直立			1
			半直立	甜研309	内甜单1	2
			平展			3
5	叶片:形状 PQ （+）	22 VG	窄卵形	内甜204	HI0474	1
			心形		内甜单1	2
			舌形	中甜207	HI0466	3

续表

序号	性 状	观察时期和方法	表达状态	标准品种1（多粒）	标准品种2（单粒）	代码
6	叶片：长度 QN （a） （+）	22 MS	极短			1
			极短到短			2
			短		HI0474	3
			短到中			4
			中		HI0466	5
			中到长			6
			长	甜研309		7
			长到极长			8
			极长			9
7	叶片：宽度 QN （a） （+）	22 MS	极窄			1
			极窄到窄			2
			窄			3
			窄到中			4
			中	内甜204	HI0466	5
			中到宽			6
			宽	中甜207	甜单305	7
			宽到极宽			8
			极宽			9
8	叶片：宽长比 QN （+）	22 MS	极小			1
			极小到小			2
			小		HM1631	3
			小到中			4
			中	中甜207	HI0474	5
			中到大			6
			大			7
			大到极大			8
			极大			9

续表

序号	性状	观察时期和方法	表达状态	标准品种1（多粒）	标准品种2（单粒）	代码
9	叶片:绿色程度 QN （+）	22 VG	浅			1
			中	中甜207	HM1631	2
			深		内甜单1	3
10	叶片:叶缘波状 QN （+）	22 VG	无或极小			1
			小	内甜204		2
			中	新甜14号	HM1631	3
			大	中甜207	甜单305	4
11	叶片:叶面皱缩程度 QN （+）	22 VG	无或极弱		内2499	1
			弱	甜研309	甜单305	2
			中	新甜14号	HI0474	3
			强	中甜207		4
12	叶片:先端形状 PQ （+）	22 VG	尖	新甜18号	内甜单1	1
			圆	甜研309	甜单305	2
			凹			3
13	叶柄:长度 QN （a） （+）	22 MS	短	内甜204	HI0474	1
			短到中			2
			中	新甜14号	HI0466	3
			中到长			4
			长			5
14	叶柄:基部宽度 QN （a） （+）	22 MS	窄	甜研8号	HI0474	1
			窄到中			2
			中	新甜18号	甜单305	3
			中到宽			4
			宽	甜研309		5
15	根:形状 PQ （+）	51 VG	楔形		HI0474	1
			圆锥形	中甜207	HM1631	2
			纺锤形			3

续表

序号	性 状	观察时期和方法	表达状态	标准品种1（多粒）	标准品种2（单粒）	代码
16	根:长度 QN (b) (+)	51 MS	极短			1
			短	中甜207	HI0466	2
			中	新甜14号	HM1631	3
			长		内甜单1	4
			极长			5
17	根:宽度 QN (b) (+)	51 MS	窄	中甜207	HM1631	1
			中	新甜18号	HI0474	2
			宽			3
18	根:长宽比 QN (+)	51 MS	小	中甜207	HI0466	1
			中	甜研309	H M1631	2
			大	新甜18号	内甜单1	3
19	根:根体露出地面的高度 QN (+)	51 VG/MS	极低			1
			极低到低			2
			低	中甜207	HI0466	3
			低到中			4
			中	内甜204	HI0474	5
			中到高			6
			高		内甜单1	7
20	根:青头大小 QN (b) (+)	51 VG	小			1
			中	新甜14号	甜单305	2
			大	新甜18号	内2499	3
21	根:根沟深度 QN (+)	51 VG	无或极浅			1
			浅			2
			中	甜研309	内甜单1	3
			深	中甜207	HI0474	4

续表

序号	性 状	观察时期和方法	表达状态	标准品种1（多粒）	标准品种2（单粒）	代码
22	根:表皮质地 QN （+）	51 VG	光滑		内甜单1	1
			中等	甜研8号	HI0466	2
			粗糙	甜研309		3

A.2　糖用甜菜选测性状

表2　糖用甜菜选测性状表

序号	性 状	观察时期和方法	表达状态	标准品种1（多粒）	标准品种2（单粒）	代码
23	根:糖度 QN （+）	51 MG	极低			1
			极低到低			2
			低			3
			低到中			4
			中			5
			中到高			6
			高			7
			高到极高			8
			极高			9

B

（规范性附录）

糖用甜菜性状表的解释

B.1　糖用甜菜生育阶段表

表 1　糖用甜菜生育阶段表

序号	名称	描述
00	干种子	贮藏的种子
	营养生长阶段	第一年,从种子播种到母根收获及贮藏时期
10	幼苗期	子叶期、从甜菜两片子叶露出地面到第一对真叶完全展开
11	幼苗期	2～3 对真叶
12	幼苗期	4～5 对真叶
21	叶丛快速生长期	生长中期,封垄前
22	叶丛快速生长期	叶片完全封垄
23	叶丛快速生长期	生长后期,开垄
41	块根增长期	块根迅速增长
51	糖分积累期	糖分积累达到最高,收获期
	生殖生长阶段	第二年,从母根栽植到种子收获时期
61	叶丛期	从栽植的种根长出叶片至开始抽薹
71	抽薹期	从开始抽薹至开花
81	开花期	从开始开花至全株花朵有 2/3 开放
91	结实期	从 1/3 的种球种子开始灌浆至 2/3 种球已变黄

B.2　涉及多个性状的解释

（1）叶的整体结构及观测解释,见图 1。

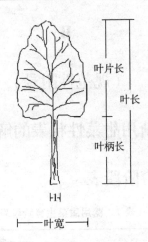

图1　叶的整体结构及观测解释
1.—叶柄基部宽度

（2）根的整体结构及观测解释，见图2。

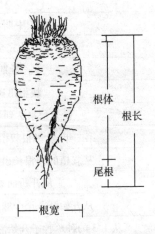

图2　根的整体结构及观测解释
1.—根头（青头）

B.3　涉及单个性状的解释

（1）性状1。胚性，见图3。

单胚种:通过遗传获得的种球内只含一个种胚的种子,又称单粒种、单果种、单芽种。

双胚种:种球内含有两个种胚的种子。

多胚种:种球内含有两个以上种胚的种子,又称多粒种、复果种、多芽种。

单胚种　　　　　　　　　　　　多胚种

图3　胚性

(2)性状。幼苗:子叶下胚轴花青苷显色,见图4。

无　　　　　　　　　　　　有

图4　幼苗子叶下胚轴花青苷显色

(3)性状3。倍性。

二倍体:在甜菜细胞核中有两组染色体($2x = 18$)。

三倍体:在甜菜细胞核中有三组染色体($3x = 27$)。

四倍体:在甜菜细胞核中有四组染色体($4x = 36$)。

多倍体:在甜菜细胞核中有四组以上的染色体。

（4）性状 4。叶：姿态，见图 5。

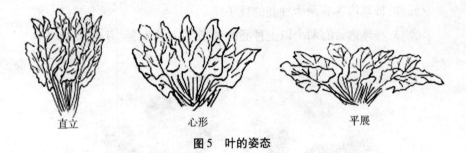

直立　　　　　　　心形　　　　　　　平展

图 5　叶的姿态

（5）性状 5。叶片：形状，见图 6。

有卵形　　　　心形　　　　舌形

图 6　叶片的形状

（6）性状 6。叶片：长度，见表 2。

表 2　叶片长分级

表达状态	极短	短	中	长	极长
代码	1	3	5	7	9
标准品种 1				甜研 309	
标准品种 2		HI0474	HI0466		

（7）性状 7。叶片：宽度（测量叶片的最宽处），见表 3。

表 3　叶片宽分级

表达状态	极窄	窄	中	宽	极宽
代码	1	3	5	7	9
标准品种 1			内甜 204	中甜 207	
标准品种 2			HI0466	甜单 305	

（8）性状 8。叶片:宽长比(叶片的宽度与长度的比值),见表 4。

表 4　叶片宽长比分级

表达状态	极小	小	中	大	极大
代码	1	3	5	7	9
标准品种 1			中甜 207		
标准品种 2		HM1631	HI0474		

（9）性状 9。叶片:绿色程度,见图 7。

浅　　　　　　　　　中　　　　　　　　　深

图 7　叶片的绿色程度

（10）性状 10。叶片:叶缘波状,见图 8。

| 无或极小 | 小 | 中 | 大 |

图8　叶片的叶缘波状

(11)性状11。叶片:叶面皱缩程度,见图9。

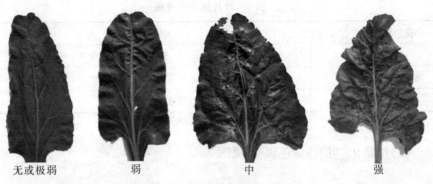

| 无或极弱 | 弱 | 中 | 强 |

图9　叶片的叶面皱缩程度

(12)性状12。叶片:先端形状,见图10。

| 尖 | 圆 | 凹 |

图10　叶片的先端形状

(13)性状13。叶柄:长度,见表5。

表5　叶柄长度分级

表达状态	短	中	长
代码	1	3	5
标准品种1	内甜204	新甜14号	
标准品种2	HI0474	HI0466	

(14)性状14。叶柄:基部宽度,见表6。

表6　叶柄基部宽度分级

表达状态	窄	中	宽
代码	1	3	5
标准品种1	甜研8号	新甜18号	甜研309
标准品种2	HI0474	甜单305	

(15)性状15。根:形状,见图11。

楔形　　　　　圆锥形　　　　　防锤形

图11　根的形状

(16)性状16。根:长度,见表7。

表7 根长度分级

表达状态	极短	短	中	长	极长
代码	1	3	5	7	9
标准品种1	中甜207		新甜14号	内甜204	新甜18号
标准品种2	HI0466		HM1631		内甜单1

(17)性状17。根:宽度(测量根的最宽处),见表8。

表8 根宽度分级

表达状态	窄	中	宽
代码	1	2	3
标准品种1	新甜14号	甜研309	
标准品种2	HM1631	内甜单1	

(18)性状18。根:长宽比(根长度与宽度的比值),见表9。

表9 根长宽比分级

表达状态	小	中	大
代码	1	2	3
标准品种1	中甜207	甜研309	新甜18号
标准品种2	HI0466	HM1631	内甜单1

(19)性状19。根:根体露出地面的高度(测量根体露出地面的垂直高度),见表10。

表 10　根体露出地面的高度分级

表达状态	极低	低	中	高
代码	1	3	5	7
标准品种 1		中甜 207	内甜 204	
标准品种 2		HI0466	HI0474	内甜单 1

（20）性状 20。根：青头大小（测量最下部叶痕至根顶的长度），见图 12。

小　　　　　　　中　　　　　　　大

图 12　根的青头大小

（21）性状 21。根：根沟深度，见图 13。

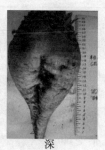

浅　　　　　　　中　　　　　　　深

图 13　根的根沟深度

（22）性状 22。根：表皮质地，见图 14。

 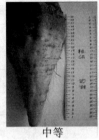 

光滑　　　　　　中等　　　　　　粗糙

图 14　根的表皮质地

(23)性状 23。根:糖度。

参照《GB/T 10496—2002 糖料甜菜》中测定方法执行。

<h1 style="text-align:center">C</h1>

<h2 style="text-align:center">(规范性附录)</h2>

<h1 style="text-align:center">糖用甜菜技术问卷</h1>

(申请人或代理机构签章)

C.1　品种暂定名称:＿＿＿＿＿＿＿＿＿＿＿＿＿＿＿＿

C.2　品种类型在相符的［　　］中打√。

C.2.1　品系　　　　　　　　　　　　　　　　　　［　　］

C.2.2　雄性不育系　　　　　　　　　　　　　　　［　　］

C.2.3　保持系　　　　　　　　　　　　　　　　　［　　］

C.2.4　杂交种　　　　　　　　　　　　　　　　　［　　］

C.2.5　其他类型(说明具体特征特性)　　　　　　　［　　］

C.3　申请品种具有代表性的彩色照片

{品种照片粘贴处}

（如果照片较多,可另附页提供）

C.4　其他有助于辨别申请品种的信息

（如品种用途、品质抗性,请提供详细资料）

C.5　品种种植或测试是否需要特殊条件?

在相符的 [　　]中打√。

是[　]　　　　　否[　]

（如果回答是,请提供详细资料）

C.6　品种繁殖材料保存是否需要特殊条件?

在相符的 [　　]中打√。

是[　]　　　　　否[　]

（如果回答是,请提供详细资料）

C.7　申请品种需要指出的性状

在表 1 中相符的代码后 [　　]中打√,若有测量值,请填写在表 1 中。

表1 申请品种需要指出的性状

序号	性状	表达状态	代码	测量值
1	胚性(性状1)	单粒	1 [ ]	
		双粒	2 [ ]	
		多粒	3 [ ]	
2	幼苗:子叶下胚轴花青苷显色 (性状2)	无	1 [ ]	
		有	9 [ ]	
3	倍性(性状3)	二倍体	2 [ ]	
		三倍体	3 [ ]	
		四倍体	4 [ ]	
		多倍体	5 [ ]	
4	叶:姿态(性状4)	直立	1 [ ]	
		半直立	2 [ ]	
		平展	3 [ ]	
5	叶片:形状(性状5)	窄卵形	1 [ ]	
		心形	2 [ ]	
		舌形	3 [ ]	
6	叶片:绿色程度(性状9)	浅	1 [ ]	
		中	2 [ ]	
		深	3 [ ]	
7	叶片:叶缘波状(性状10)	无或极小	1 [ ]	
		小	2 [ ]	
		中	3 [ ]	
		大	4 [ ]	
8	叶片:先端形状(性状12)	尖	1 [ ]	
		圆	2 [ ]	
		凹	3 [ ]	

续表

序号	性状	表达状态	代码	测量值
9	根:青头大小(性状20)	小	1 [　]	
		中	2 [　]	
		大	3 [　]	
10	根:根沟深度(性状21)	无或极浅	1 [　]	
		浅	2 [　]	
		中	3 [　]	
		深	4 [　]	

Ⅲ　非主要农作物品种登记指南　甜菜

申请甜菜品种登记,品种经检测符合差异性要求的,由申请者向归属地省级农业农村主管部门提出品种登记申请,并填写《非主要农作物品种登记申请表　甜菜》,提交相关申请文件。按要求提供种子样品。

Ⅲ.1　申请文件

Ⅲ.1.1　品种登记申请表

填写登记申请表(附录 A)的相关内容应当以品种选育情况说明、品种特性说明(包含品种适应性、品质分析、抗病性鉴定、转基因成分检测等结果),以及特异性、一致性、稳定性测试报告的结果为依据。

Ⅲ.1.2　品种选育情况说明

新选育的品种说明内容主要包括品种来源以及亲本血缘关系、选育方法、选育过程、特征特性描述、栽培技术要点等。单位选育的品种,选育单位在情况说明上盖章确认;个人选育品种,选育人签字确认。

在生产上已大面积推广的地方品种或来源不明确的品种需要标明,可不作品种选育说明。

Ⅲ.1.3 品种特性说明

(1)品种适应性:按照《农作物品种试验规范 糖料作物》(NY/T 3925—2021)执行。根据同一生态区不少于 3 个点、2 个生产周期(试验点数量与布局应当能够代表拟种植的适宜区域)的试验,如实描述以下内容:品种的形态特征、生物学特性、产量、品质、抗病性、抗逆性、适宜种植区域(县级以上行政区)及季节,品种主要优点、缺陷、风险及防范措施等注意事项。糖用甜菜根产量非病区每亩需大于 2500 kg。

(2)品质分析:按照《甜菜中钾、钠、α-氮的测定》(NY/T 1754—2009)执行。根据品质分析的结果,如实描述以下内容:品种的钾、钠、α-氮含量及含糖率等。糖用甜菜含糖率非病区需大于 14%。

(3)抗病性鉴定:按照《农作物品种试验规范 糖料作物》(NY/T 3925—2021)执行。对品种的根腐病、褐斑病、丛根病、白粉病,以及其他区域性重要病害的抗性进行鉴定,并如实填写鉴定结果。

甜菜根腐病抗性分 5 级:高抗(HR)、抗病(R)、中抗(MR)、感病(S)、高感(HS)。

甜菜褐斑病抗性分 6 级:免疫、高抗(HR)、抗病(R)、中抗(MR)、感病(S)、高感(HS)。

甜菜丛根病抗性分 6 级:免疫、高抗(HR)、抗病(R)、中抗(MR)、感病(S)、高感(HS)。

甜菜白粉病抗性分 4 级:高抗(HR)、抗(R)、中抗(MR)、感病(S)。

Ⅲ.1.4 特异性、一致性、稳定性测试报告

按照《植物品种特异性、一致性和稳定性测试指南 糖用甜菜》(NY/T 2482—2013)进行测试,主要内容包括:

叶片:形状、绿色程度。根:形状、根头大小、根沟深度、糖度。胚性、倍性、幼苗子叶下胚轴(颜色)、叶丛姿态,以及其他与特异性、一致性、稳定性相关的重要性状,形成测试报告。

品种标准图片:种子、叶丛繁茂期以及块根单株的实物彩色照片。

Ⅲ.1.5　DNA 指纹检测

按照有关技术标准,开展 DNA 指纹检测并与已登记品种进行比对。

Ⅲ.1.6　试验组织方式

本节中涉及的相关试验,除 DNA 指纹检测应由具备法定检测资质的机构开展外,其他可由具备试验、鉴定、测试和检测条件与能力的单位(或个人)自行组织进行,不具备条件和能力的可委托具备相应条件和能力的单位组织进行,必要时登记审查部门可进行现场检查。丛根病、根腐病抗病性鉴定需在特定病圃中鉴定。报告由试验技术负责人签字确认,由出具报告的单位加盖公章。

Ⅲ.1.7　已授权品种的品种权人书面同意材料

Ⅲ.2　种子样品提交

对申请品种权且已受理的品种,不再提交样品,但应按照要求开展 DNA 指纹检测。

Ⅲ.2.1　包装要求

种子样品使用有足够强度的纸袋或布袋包装,并用尼龙网袋套装;包装袋上标注作物种类、品种名称、申请者等信息。

Ⅲ.2.2　数量要求

每品种种子样品 0.3 kg。

Ⅲ.2.3　质量与真实性要求

送交的种子样品,必须是遗传性状稳定、与登记品种性状完全一致、无检疫性有害生物、单胚种发芽率≥65%、多胚种发芽率≥80%的种子。

在提交种子样品时,申请者必须附签字盖章的种子样品清单,并对提交的样品真实性承诺。申请者必须对其提供样品的真实性负责,一旦查实提交不真实样品的,须承担因提供虚假样品所产生的一切法律责任。

国家种质库收到种子样品后,应当在省级受理该品种登记申请成功后30个工作日内确定样品是否符合要求,并将结果反馈申请者。

【需要说明的是,种子样品提交程序及要求将根据国家农作物品种标准样品管理的有关规定适时调整。】

附录 A

非主要农作物品种登记申请表　甜菜

品种名称:		品种来源:	
申请者:			
邮政编码:		地 址:	
联系人:		手机号码:	
固定电话:		传真号码:	
电子邮箱:			
育种者:			
邮政编码:		地 址:	
联系人:		手机号码:	
固定电话:		传真号码:	
电子邮箱:			
申请日期:			
备 注			

注:"品种来源"一栏填写品种亲本(或组合),在生产上已大面积推广的地方品种或来源不明确的品种要标明。

农业农村部种业管理司　制

选育方式:□自主选育/□合作选育/□境外引进/□其他

第一申请者性质:□国有企业/□集体所有制企业/□民营企业/□外资企业/□科研院所/□个人/□其他

第一育种者性质:□国有企业/□集体所有制企业/□民营企业/□外资企业/□科研院所/□个人/□其他

申请方式：□独立申请/□联合申请(□科企联合/□科科联合/□企企联合/□其他)

一、育种过程(包括亲本名称、选育过程、选育方法等)： 母本名称：_____；母本来源：_____；父本名称：_____；父本来源：_____； 选育方法：_____；育成时间：_____。 亲本名称、选育方法、选育过程：

二、品种特性

1. 用途	□糖用甜菜　　　□食用甜菜　　　□饲用甜菜　　　□观赏甜菜
2. 糖用甜菜类型	□丰产型(E)　　　□标准型(N)　　　□高糖型(Z)　　　□其他

3. 品种主要农艺性状

胚性(单胚、双胚、多胚)		倍性(二倍体、三倍体、四倍体)	
苗期长势		幼苗：下胚轴(颜色)	
繁茂期叶片形状(窄卵形、舌形、心形)		叶丛姿态(直立、半直立、平展)	
株高(高、中、低)		叶柄(长、中、短)	
叶色(浅绿、绿、深绿)		块根形状(楔形、圆锥形、纺锤形)	
根沟深度(无或极浅、浅、中、深)		根皮颜色	
根肉颜色		根头大小(小、中、大)	
其他			

4. 根产量(千克/亩)(观赏甜菜不作要求)

第 1 生长周期		比对照 ±%		对照名称		对照产量	
第 2 生长周期		比对照 ±%		对照名称		对照产量	

5. 品质

(1) 糖用、食用甜菜品质

第 1 生长周期含糖率(%)		对照含糖率(%)		比对照 ±	
第 2 生长周期含糖率(%)				比对照 ±	
钾含量(毫摩尔/100 克鲜重)		钠含量(毫摩尔/100 克鲜重)		α-氮含量(毫摩尔/100 克鲜重)	

(2) 饲用/叶用甜菜品质

粗蛋白含量(%)		粗脂肪含量(%)		粗纤维含量(%)	

（3）观赏用甜菜

补充叶部重要农艺性状或品质			

6.抗病性

根腐病		褐斑病		丛根病	
白粉病		其他病害			

7.转基因成分	□不含有　　□含有

三、适宜种植区域及季节(适宜在　区域　(省)的　种植)	(□西北区域　□华北区域　□东北区域)

四、栽培技术要点：

五、注意事项(包括品种主要优点、缺陷、风险及防范措施等)：

六、申请者意见：

公　章

年　月　日

七、育种者意见：

公　章

年　月　日

八、真实性承诺：

　　(品种名称)为(选育单位或者个人)选育的(作物名称)品种，该品种不含有转基因成分。本单位(本人)知悉该品种登记申请材料内容，并保证填报的登记申请材料真实、准确，并承担由此产生的全部法律责任。

　　申请者(公章)：

年　月　日

注：1.多项选择的，在相应□内划√。

2. 申请者、育种者为两家及以上的,需同时盖章。

3. 育种者不明的,可不填写育种者意见。

4. 申请表统一用 A4 纸打印。

附录 B

甜菜种子样品清单

序号	作物种类	品种名称	父本名称	母本名称	产地	生产年份	申请者	育种者	座机	手机	邮箱

本单位(本人)确认并保证上述提交样品的真实性和样品信息的准确性,并承担由此产生的全部法律责任。

申请者(公章)

年　　月　　日

参考文献

［1］БОРМОТОВ В Е,李山源,郭德栋. 糖甜菜多倍体类型细胞遗传学的研究——第五章 糖甜菜三体［J］. 甜菜糖业,1984(S1):49－62.

［2］DONEY D L,THEURER J C. Reciprocal recurrent selection in sugarbeet［J］. Field Crops Research,1978,1(2):173－181.

［3］GAO D,GUO D,JUNG C. Monosomic addition lines of Beta corolliflora Zoss in sugar beet:Cytological and molecular－marker analysis［J］. Theoretical and Applied Genetics,2001,103(2－3):240－247.

［4］GAO D,JUNG C. Monosomic addition lines of Beta corolliflora in sugar beet:Plant morphology and leaf spot resistance［J］. Plant Breeding,2002,121(1):81－86.

［5］GRIFFING B,莫惠栋,姜长鉴. 关于双列杂交系统中一般配合力和特殊配合力的概念(完)［J］. 江苏农学院学报,1980(04):55－64.

［6］GRIFFING B,莫惠栋,姜长鉴. 关于双列杂交系统中一般配合力和特殊配合力的概念(续)［J］. 江苏农学院学报,1980(02):55－63.

［7］HECKER R J. Recurrent and reciprocal recurrent selection in sugarbeet［J］. Crop Science,1978,18(5):805－809.

［8］JUNG C,WRICK G. Selection of diploid nematode－resistant sugar beet from monosomic addition lines［J］. Plant Breeding,1987,98(3):205－214.

［9］RAMON－RAMOS S M,WRICK G. A full set of monosomic addition lines in Beta vulgaris from Beta webbiana:Morphology and isozyme markers［J］. Theoretical and Applied Genetics,1992,84(3－4):411－418.

［10］MEZEI S,KOVAČEV L,ČAČIĆ N,et al. Maintenance and improvement of self－sterile sugar beet pollinators using tissue culture and recurrent selection

[J]. Zbornik Radova Instituta za Ratarstvo i Povrtarstvo,2007,43(1):195 – 200.

[11]蔡俊迈,陈银辉. 第三讲 配合力分析——Ⅱ.不完全双列杂交等(下)[J]. 福建农业科技,1988(05):32 – 35.

[12]蔡俊迈,陈银辉. 第三讲 配合力分析 Ⅱ.不完全双列杂交等(上)[J]. 福建农业科技,1988(04):29 – 31.

[13]陈应志,孙海艳,史梦雅,等. 设置非主要农作物品种登记制度的历史必然与现实实践[J]. 中国种业,2018(01):4 – 8.

[14]陈官印,毛永强. 提高甜菜含糖率的措施[J]. 内蒙古农业科技,2004 (S2):158.

[15]程大友,徐德昌. 利用当年抽薹基因型甜菜快速选育二年生保持系的研究——Ⅰ利用当年抽薹基因型甜菜缩短育种年限的研究[C]. 作物科学研究理论与实践——'2000 作物科学学术研讨会文集,2001:95 – 100.

[16]崔蕊蕊. 美国农业部已授权孟山都的抗草甘膦甜菜[J]. 山东农药信息, 2011(02):50.

[17]冯建忠. 甜菜自交系多系杂交配合力测定[J]. 新疆农业科学,1986(01): 9 – 11.

[18]刘景泉,陈丽. 甜菜主要性状配合力分析[J]. 中国甜菜,1985(01): 1 – 10.

[19]李占学. 甜菜主要经济性状的基因效应与杂优育种的亲本选配[J]. 中国甜菜,1991(03):53 – 56.

[20]郭德栋,刘丽萍,康传红,等. 甜菜无融合生殖单体附加系的繁殖传递特性[J]. 黑龙江大学自然科学学报,2001(03):104 – 107.

[21]申业,申家恒,郭德栋,等. 甜菜无融合生殖单体附加系 M14 雌配子体的发生与发育[J]. 植物科学学报,2006,24(2):106 – 112.

[22]郭德栋,方晓华,刘丽萍,等. 无融合生殖甜菜单体附加系的获得和鉴定[J]. 云南大学学报(自然科学版),1999(S3):180 – 181.

[23]赖来展. 作物单性(孤雌)生殖育种研究的进展[J]. 广东农业科学,1981 (04):14 – 16.

[24]郝琨,王明英. 轮回选择在甜菜育种中的应用机理[J]. 中国甜菜糖业,

1996(03):33 - 34.

[25]刘景泉,陈丽,程大友. 甜菜有粉系轮回选择初报——早代配合力选择[J]. 中国甜菜,1993(02):18 - 24.

[26]李永峰. 甜菜良种繁育有关理论与技术分析 I 甜菜品种逐级杂种优势利用与良种繁育程序的变革[J]. 中国甜菜糖业,1994(05):13 - 17.

[27]康传红,王桂芝,贾树彪,等. 栽培甜菜和白花甜菜种间杂交后代无融合生殖的观察[J]. 中国甜菜,1995(01):3 - 8.

[28]康细林,储丹丹,单斌. 基因编辑新技术 CRISPR - Cas 系统研究及应用进展[J]. 国外医药(抗生素分册),2020,41(01):35 - 41.

[29]李彦丽,孙从楚,张文彬. 在甜菜四倍体选育中"母系选择法"选择效果的初步探讨[J]. 中国甜菜,1995(03):31 - 33.

[30]卞桂杰,张景楼,郑毅,等. 甜菜雄性不育系的一般配合力测定[J]. 中国糖料,2007(01):31 - 33.

[31]刘志国. CRISPR/Cas9 系统介导基因组编辑的研究进展[J]. 畜牧兽医学报,2014,45(10):1567 - 1583.

[32]史梦雅,陈应志,孙海艳,等. 非主要农作物品种登记制度实施进展、面临技术挑战与建议[J]. 中国种业,2019(12):7 - 9.

[33]孙海艳,陈应志,史梦雅,等. 非主要农作物品种登记管理[J]. 中国种业,2018(04):31 - 33.

[34]王丽璇. 二倍自交系在甜菜育种中的重要性[J]. 甜菜糖业,1988(01):56 - 59.

[35]王丽璇. 甜菜自交系一般配合力测定方法的研究[J]. 中国甜菜,1984(02):26 - 32.

[36]温世光. 再谈甜菜原种站的良种繁育工作[J]. 甜菜糖业,1981(02):11 - 14.

[37]吴庆峰,纳依里·吉兹布林. 乌克兰甜菜良种繁育特点[J]. 中国糖料,2008(01):78 - 80.

[38]谢纬武,康传红,王继志,等. 一种新型甜菜胞质雄性不育系的分子生物学鉴定[J]. 中国科学 C 辑:生命科学,1996(02):172 - 178.

[39]张红霞,邓启云,吴俊. 农杆菌介导水稻转基因技术的原理与应用研究进

展[J]. 湖南农业科学,2010(11):3－6.

[40]张志刚,李瑞云,马宾生,等. 对《非主要农作物品种登记办法》的几点认识
[J]. 中国种业,2017(11):13－17.

[41]赵图强,王维臣. 甜菜雄性不育系及相应保持系杂交组合优势分析[J]. 新
疆农业科学,1995(04):156－157.

[42]郑洪,于泳,蔡葆. 甜菜良种繁育体系创新的商讨[J]. 中国糖料,2003
(04):56－59.

[43]石好琪. 利用分子标记技术鉴定甜菜种质资源育性的研究[D]. 哈尔滨:
黑龙江大学,2021.

[44]MUKHERJEE E,GANTAIT S. Genetic transformation in sugar beet (Beta vul-
garis L.):Technologies and Applications[J]. Sugar Tech,2023,25(2):
269－281.

[45]LI Y R,YANG L T. Sugarcane Agriculture and Sugar Industry in China[J].
Sugar Tech,2015,17(1):1－8.

[46]孙海艳,史梦雅,李荣德,等. 我国甜菜种业发展现状分析及对策建议[J].
中国种业,2021(03):1－4.

[47]吴则东,张文彬. 世界主要甜菜育种公司的演变历程及对我国甜菜产业发
展的启示[J]. 中国糖料,2014(03):82－84＋86.

[48]周建朝. 德国甜菜生产介绍[J]. 中国甜菜糖业,1996(04):54－58.

[49]魏良民. 世界甜菜种子公司格局及中国甜菜种子市场前景[J]. 中国甜菜
糖业,2002(01):29－32.

[50]韩卫平,马亚怀. 赴美甜菜考察报告[J]. 中国糖料,1999(01):62－65.

[51]饶春富. 丹麦的甜菜育种与种子培育[J]. 中国甜菜,1989(01):56－59.

[52]兴旺. 我国甜菜育种的现状与挑战[J]. 大自然,2022(03):22－25.

[53]王荣华,李守明,艾依肯,等. 新疆甜菜产业发展现状与展望[J]. 中国糖
料,2022,44(01):81－86.

[54]王华忠. 单胚甜菜细胞质雄性不育遗传机制及其利用研究[D]. 北京:中
国农业科学院,2007.

[55]陈连江,陈丽. 我国甜菜产业现状及发展对策[J]. 中国糖料,2010(04):
62－68.

[56]FUGATE K K,CAMPBELL L G,COVARRUBIAS – PAZARAN G,et al. Genetic diversity is enhanced in Wild × Cultivated hybrids of sugarbeet (Beta vulgaris L.) despite multiple selection cycles for cultivated traits[J]. Genetic Resources and Crop Evolution,2021,68:2549 – 2563.

[57]YANG J, SUN L J, XING W,et al. Hyperspectral prediction of sugarbeet seed germination based on gauss kernel SVM[J]. Spectrochimica Acta Part A:Molecular and Biomolecular Spectroscopy,2021,253:119585.

[58]张阳,宁艳东,兰西,等. 我国甜菜育种产业发展现状与展望[J]. 中国糖料,2023,45(1):8 – 13.

[59]PATHAK A D,KAPUR R,SOLOMON S,et al. Sugar beet:A historical perspective in indian context[J]. Sugar Tech,2014,16(2):125 – 132.

[60]AHMAR S,GILL R A,JUNG K – H,et al. Conventional and molecular techniques from simple breeding to speed breeding in crop plants:Recent advances and future outlook[J]. International Journal of Molecular Sciences,2020,21(7):2590.

[61]LIANG J G,YANG X W,JIAO Y,et al. The evolution of China's regulation of agricultural biotechnology[J]. Abiotech,2022,3(4):237 – 249.

[62]GUREL E,GUREL S,LEMAUX P G. Biotechnology applications for sugar beet[J]. Critical Reviews in Plant Sciences,2008,27(2):108 – 140.

[63]NEHLS R,KRAUS J,MATZK A,et al. Transgenic varieties:Sugarbeet[J]. Sugar Tech,2010,12(3):194 – 200.

[64]李玥. 浅谈我国甜菜产业的现状及发展对策[J]. 福建农业,2015(8):45.

[65]卞桂杰,张景楼,黄淑兰,等. 我国航天育种现状及甜菜诱变育种前景[J]. 中国甜菜糖业,2006(4):23 – 25.

[66]AFSHAR R K,CHEN C C,ECKHOFF J,et al. Impact of a living mulch cover crop on sugarbeet establishment,root yield and sucrose purity[J]. Field Crops Research,2018,223:150 – 154.

[67]CHATTERJEE A. Sugarbeet response to interactions between fall – seeded cover crop and fertilizer nitrogen application time[J]. Agrosystems, Geosciences and Environment,2022,5(3):e20278.

[68] KUSI N Y O, STEVENS W B, SINTIM H Y, et al. Phosphorus fertilization and enhanced efficiency products effects on sugarbeet[J]. Industrial Crops and Products, 2021, 171: 113887.

[69] WALSH O S, NAMBI E, SHAFIAN S, et al. UAV – based NDVI estimation of sugarbeet yield and quality under varied nitrogen and water rates[J]. Agrosystems, Geosciences and Environment, 2023, 6(1): e20337.

[70] FUGATE K K, CAMPBELL L G, LAFTA A M, et al. Newly developed sugarbeet lines with altered postharvest respiration rates differ in transcription factor and glycolytic enzyme expression [J]. Crop Science, 2022, 62 (3): 1251 – 1263.

[71] SIMS A L. Sugarbeet response to broadcast and starter phosphorus applications in the red river valley of minnesota[J]. Agronomy journal, 2010, 102(5): 1369 – 1378.

[72] SIMS A L, SMITH L J. Early growth response of sugarbeet to fertilizer phosphorus in phosphorus deficient soils of the red river valley[J]. Journal of sugar beet research, 2001, 38(1): 1 – 18.

[73] DUDENHOEFFER C J, NELSON K A, MOTAVALLI P P, et al. Corn production as affected by phosphorus enhancers, phosphorus source and lime[J]. Journal of Agricultural Science, 2012, 4(10): 137.

[74] DE SOUSA R T X, KORNDÖRFER G H, BREM SOARES R A, et al. Phosphate fertilizers for sugarcane used at pre – planting (phosphorus fertilizer application)[J]. Journal of Plant Nutrition, 2015, 38(9): 1444 – 1455.

[75] ROSEN C J, KELLING K A, STARK J C, et al. Optimizing phosphorus fertilizer management in potato production[J]. American Journal of Potato Research, 2014, 91: 145 – 160.

[76] KODAOLU B, MOHAMMED I, GILLESPIE A W, et al. Phosphorus availability and corn (Zea mays L.) response to application of P – based commercial organic fertilizers to a calcareous soil[J]. Soil Science Society of America Journal, 2023, 87(6): 1386 – 1397.

[77] KETTERINGS Q, CZYMMEK K, SWINK S. Evaluation methods for a combined

research and extension program used to address starter phosphorus fertilizer use for corn in New York[J]. Canadian Journal of Soil Science,2011,91(3): 467 –477.

[78]PARENT S É,DOSSOU – YOVO W,ZIADI N,et al. Corn response to banded phosphorus fertilizers with or without manure application in Eastern Canada [J]. Agronomy Journal,2020,112(3):2176 –2187.

[79]ROSEN C J, ,BIERMAN P M. Potato yield and tuber set as affected by phosphorus fertilization [J]. American Journal of Potato Research, 2008, 85: 110 – 120.

[80]ALVARADO J S,MCCRAY J M,ERICKSON J E,et al. Sugarcane biomass yield response to phosphorus fertilizer on four mineral soils as related to extractable soil phosphorus[J]. Communications in Soil Science and Plant Analysis, 2019,50(22):2960 –2970.

[81]IBRIKCI H,RYAN J,ULGER A C,et al. Maintenance of phosphorus fertilizer and residual phosphorus effect on corn production [J]. Nutrient Cycling in Agroccosystems,2005,72: 279 –286.

[82]SIMS A L,WINDELS C E,BRADLEY C A. Content and potential availability of selected nutrients in field – applied sugar beet factory lime[J]. Communications in soil science and plant analysis,2010,41(4):438 –453.

[83]KELLING K A,WOLKOWSKI R P,SPETH P E,et al. Interaction of fertilizer phosphorus rate and placement/timing on potatoes[J]. American Journal of Potato Research,2020,97:420 –431.

[84]CORREIA B L,KOVAR J L,THOMPSON M L,et al. Sugarcane green harvest management influencing soil phosphorus fractions[J]. Soil and Tillage Research,2023,231: 105713.

[85]PRESTON C L,RUIZ DIAZ D A,MENGEL D B. Corn response to long - term phosphorus fertilizer application rate and placement with strip – tillage[J]. Agronomy Journal,2019,111(2):841 –850.

[86]FERNANDES A M,SORATTO R P. Phosphorus fertilizer rate for fresh market potato cultivars grown in tropical soil with low phosphorus availability[J]. A-

merican Journal of Potato Research,2016,93:404 –414.

[87] GUERTAL E A,MCELROY J S. Soil type and phosphorus fertilization affect Poa annua growth and seedhead production[J]. Agronomy Journal,2018,110 (6):2165 –2170.

[88] HOPKINS B G,HANSEN N C. Phosphorus management in high – yield systems [J]. Journal of environmental quality,2019,48(5):1265 –1280.